通信原理实验教程

刘佳 许海霞 陈宁夏 肖明明 主编

中山大学出版社
·广州·

版权所有 翻印必究

图书在版编目（CIP）数据

通信原理实验教程/刘佳等主编 . —广州：中山大学出版社，2016.11
ISBN 978－7－306－05829－4

Ⅰ. ①通… Ⅱ. ①刘… Ⅲ. ①通信原理—实验—高等学校—教材
Ⅳ. ①TN911－33

中国版本图书馆 CIP 数据核字（2016）第 216257 号

出 版 人：	徐　劲
策划编辑：	黄浩佳
责任编辑：	黄浩佳
封面设计：	林绵华
责任校对：	曾育林
责任技编：	何雅涛
出版发行：	中山大学出版社
电　　话：	编辑部 020－84111996，84113349，84111997，84110779
	发行部 020－84111998，84111981，84111160
地　　址：	广州市新港西路 135 号
邮　　编：	510275　　传　真：020－84036565
网　　址：	http://www.zsup.com.cn　E-mail：zdcbs@ mail. sysu. edu. cn
印 刷 者：	佛山市浩文彩色印刷有限公司
规　　格：	787mm×1092mm　1/16　10.75 印张　258 千字
版次印次：	2016 年 11 月第 1 版　2016 年 11 月第 1 次印刷
定　　价：	35.00 元

如发现本书因印装质量影响阅读，请与出版社发行部联系调换

内 容 简 介

　　对于理论知识较为抽象、枯燥，而实践性较强的"通信原理"课程来说，势必会造成：一方面，学生在理论知识学习阶段，由于缺乏对抽象理论知识的理解，只能死记硬背，学习过程似懂非懂，根本谈不上深入理解；另一方面，虽然大多数学生能掌握通信原理的基础知识，但是遇到实际编程应用时，却不知如何下手，无法根据实际问题动手设计通信原理的算法应用。本书合理设计实验内容，给每一个知识点精心准备典型实验，引导学生进行积极思考、分析、讨论和实践，从而达到深刻理解所学内容的原理和本质的目的。

　　本书共分两部分：第一部分主要介绍 MATLAB 运行环境，包括内容建立工作环境、MATLAB 的主界面和 MATLAB 程序设计；第二部分介绍通信原理 MATLAB 实验，共 25 个实验。每个实验包括实验目的、实验内容、实验原理、程序设计、设计流程、源程序代码和实验波形。本书适合大学通信专业及相关专业程序设计课程作实验教材。

前　言

"通信原理"是通信专业及相关专业的一门核心基础课程，为后续课程的学习提供必要的专业知识和技能储备，起到承上启下的作用。学习这门课程的目的不仅是使学生掌握通信原理的特性，更重要的是培养学生能够运用已掌握的通信原理知识解决实际问题和评价算法的能力，以及培养学生具有编写优秀应用程序的能力。因此，在通信原理的整个教学过程中，理论学习和上机实践是两个重要的环节，尤其上机实践是应用型本科院校培养人才的一个非常重要的环节。

本书是专门为学习"通信原理"课程的学生编写的实验教材，教材中所有的算法都是基于 MATLAB 实验运行环境。本书给出 25 个实验，均采用了统一格式，即实验目的、实验内容、实验原理、程序设计、设计流程、源程序代码和实验波形。

在本书的编写过程中，参考了一些国内优秀教材及实验指导书。编者力争做到内容表述清晰、流畅、图文并茂、重点突出，以期达到让读者"看即懂，学即会，练即通，举一反三"的目的。希望读者通过对本书的学习，能够全面理解和掌握"通信原理"这门课程，并能够开发出优质高效的计算机程序。

第一部分"MATLAB 运行环境"和第二部分"通信原理 MATLAB 实验"的实验一至实验五由许海霞负责编写；实验六至实验二十一由刘佳负责编写；实验二十二至实验二十三由陈宁夏负责编写；实验二十四至实验二十五由肖明明负责编写。在此，对所有为本书出版提供帮助的人表示真挚的感谢。

由于作者水平和时间有限，书中难免存在错误和疏漏，敬请读者及同行们批评指正。

编者

2016 年 6 月

目　录

第一部分　MATLAB 运行环境 ·· 1
 第一节　建立工作环境 ·· 1
 第二节　MATLAB 的主界面 ··· 3
 第三节　MATLAB 程序设计 ··· 9

第二部分　通信原理 MATLAB 实验 ·· 17
 实验一　　基于 MATLAB 的确定信号分析 ································ 17
 实验二　　基于 MATLAB 的随机信号分析 ································ 20
 实验三　　基于 MATLAB 的数字基带仿真 ································ 25
 实验四　　基于 MATLAB 的基带信号波形生成及其功率谱密度 ······· 28
 实验五　　基于 MATLAB 的蒙特卡罗算法 ································ 31
 实验六　　基于 MATLAB 的 AM 调制解调仿真 ·························· 36
 实验七　　基于 MATLAB 的 DSB 调制与解调仿真 ······················ 41
 实验八　　基于 MATLAB 的 SSB 调制与解调仿真 ······················ 47
 实验九　　基于 MATLAB 的低通信号抽样定理 ·························· 54
 实验十　　基于 MATLAB 的量化编码译码仿真 ·························· 59
 实验十一　基于 MATLAB 的 PCM 编码译码仿真 ························ 66
 实验十二　基于 MATLAB 的数字基带信号仿真 ·························· 75
 实验十三　基于 MATLAB 的有无码间串扰的眼图 ······················· 80
 实验十四　基于 MATLAB 的 2ASK 调制解调仿真 ······················· 88
 实验十五　基于 MATLAB 的 2FSK 调制解调仿真 ······················· 93
 实验十六　基于 MATLAB 的 2PSK 调制解调仿真 ······················· 100
 实验十七　基于 MATLAB 的 2DPSK 调制解调仿真 ····················· 106
 实验十八　基于 MATLAB 的 QPSK 调制解调仿真 ······················ 114
 实验十九　基于 MATLAB 的 GMSK 调制解调仿真 ······················ 118
 实验二十　基于 MATLAB 的线性分组码的编码译码程序 ·············· 125
 实验二十一　基于 MATLAB 的循环码的编码译码程序 ················· 133
 实验二十二　基于 MATLAB 的卷积码的编码译码程序 ················· 139
 实验二十三　基于 MATLAB 的香农编码 ·································· 148
 实验二十四　基于 MATLAB 的费诺编码 ·································· 153
 实验二十五　基于 MATLAB 的哈夫曼编码 ······························· 157

参考文献 ·· 161

第一部分 MATLAB 运行环境

MATLAB（matrix laboratory），是矩阵实验室的意思。MATLAB 语言是一种广泛应用于工程计算及数值分析领域的新型高级语言[1]，自 1984 年由美国 MathWorks 公司推向市场以来，历经十多年的发展与竞争，现已成为国际公认的最优秀的工程应用开发环境。MATLAB 功能强大、简单易学、编程效率高，深受广大科技工作者的欢迎。"通信原理"课程[2]可以借助 MATLAB 实验平台，实现通信的编码、译码、调制以及差错率计算等工作。本部分重点介绍如何使用该开发平台。

第一节 建立工作环境

一、安装 MATLAB 软件

MATLAB 只有在适当的外部环境中才能正常运行。在 PC 机上安装 MATLAB 时，需要注意正确选取 MATLAB 组件。如图 1-1-1 所示，在安装界面上的第 4 栏 "4. Select products to install" 是对 MATLAB 组件的选择。

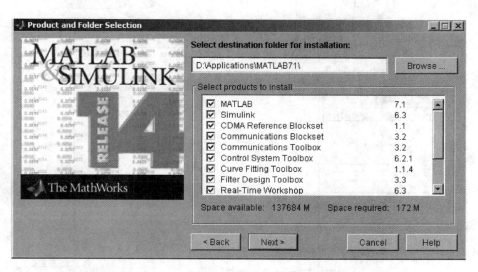

图 1-1-1 安装 MATLAB 组件

必须选取的组件：MATLAB（核心组件，基本工具箱）。

常用通用工具箱：Symbolic Math（符号计算工具箱）、Simulink（仿真工具箱）。

其他通用工具箱：CDMA Rrference Blockset、Communications Blockset、Communications Toolbox、Optimization（优化工具箱）、[Matlab Compiler、Matlab C/C++ Math Library、Matlab C/C++ Graphic Library〕（用于编译 Matlab 程序）。

常用专业工具箱：Control System（控制工具箱）、Signal Processing（信号处理工具箱）、Image Processing（图像处理工具箱）等。

安装完成后，会提示运行 rtwintgt – setup，安装实时 Windows 对象核心。安装时，MATLAB 可以和 Word 无缝连接，具体做法是通过运行 notebook – setup 指令，安装 notebook 后，再在 Word 中增加文件模板 m – book，使用者可以在 Word 文档中嵌入可执行的 MATLAB 命令行。此外，MATLAB 编译器使得 MATLAB 的运行速度加快，并且可以和 C/C++ 程序兼容。安装时需要 C/C++ 编译器的支持。安装命令有 mex – setup 和 mbuild – setup，并且需要考虑一些库函数的连接问题。

二、启动 MATLAB 软件

启动 MATLAB 系统有 3 种常见方法：
（1）使用 Windows "开始" 菜单。
（2）运行 MATLAB 系统启动程序 matlab.exe。
（3）利用快捷方式。

启动 "MATLAB" 软件，显示 MATLAB 界面，主要包括 "当前路径" "工作空间" "命令窗口" 和 "历史命令" 等，如图 1 – 1 – 2 所示。

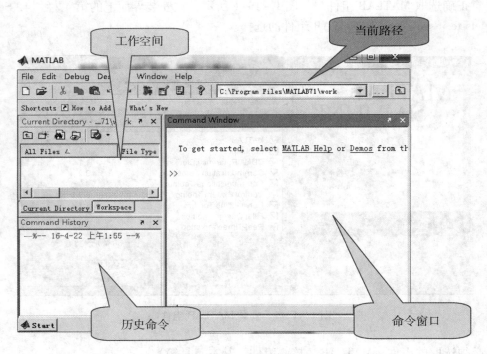

图 1 – 1 – 2　启动 MATLAB

三、MATLAB 系统的退出

要退出 MATLAB 系统，也有 3 种常见方法：
（1）在 MATLAB 主窗口"File"菜单中选择"Exit MATLAB"命令。
（2）在 MATLAB 命令窗口输入"Exit"或"Quit"命令。
（3）单击 MATLAB 主窗口的"关闭"按钮。

第二节 MATLAB 的主界面

MATLAB 开发环境的主界面由标题栏、MATLAB 常用窗口、菜单栏、工具栏等组成[3]，如图 1-2-1 所示。

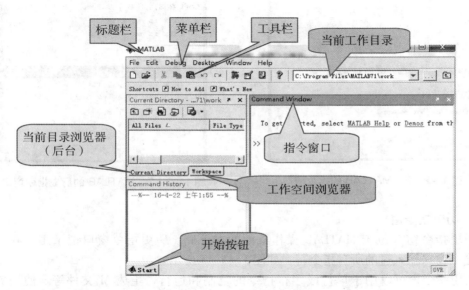

图 1-2-1 MATLAB 的主界面

一、标题栏

标题栏中显示软件的的基本信息，如 MATLAB。

二、MATLAB 软件的常用窗口

1. 指令窗口

指令窗口是最基本的窗口，如图 1-2-2 所示。缺省情况下，该窗口位于 MATLAB 桌面的右侧。该窗口是运行各种 MATLAB 指令的最主要窗口。在该窗口内，可以键入各种 MATLAB 指令、函数、表达式，并显示除图形外的运算结果。指令窗口可以独立显示，通过切换按钮或下拉菜单［View：Dock Command Window］进行独立窗口和嵌入窗口的切换。在指令窗口运行过的指令可以用"↑""↓"键再次调出运行。">>"为指令行提示符，提示其后语句为输入指令。您可以在提示符后键入各种命令，通过上下箭头可以调出以前打入的命令，用滚动条可以查看以前的命令及其输出信息。如果对一条命令的用法有疑问的话，可以用 Help 菜单中的相应选项查询有关信息，也可以用 help 命令在命令行上查询，您可以试一下 help、help help 和 help eig（求特征值的函数）命令。

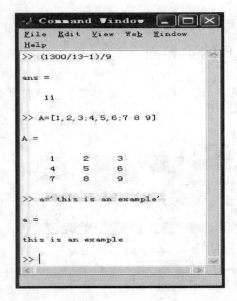 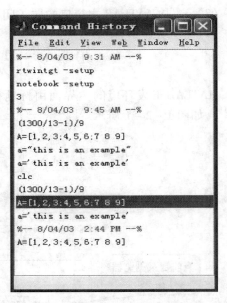

图 1-2-2　MATLAB 的指令窗口　　　　图 1-2-3　MATLAB 的历史指令窗口

2. 历史指令窗口

　　历史指令窗口位于 MATLAB 操作桌面的左下侧。历史指令窗口记录用户在 MAT-LAB 指令窗口输入过的所有指令行，如图 1-2-3 所示。

　　历史指令窗可以用于单行或多行指令的复制和运行、生成 M 文件等。使用方法：选中单行（鼠标左键）或多行指令（Ctrl 或 Shift + 鼠标左键），鼠标右键激活菜单项，菜单项中包含有复制（Copy）、运行（Evaluate Selection）和生成 M 文件（Create M File）命令，以及删除等指令。历史指令窗口也可以切换成独立窗口和嵌入窗口，切换方法和指令窗口相同。

3. 工作空间浏览器

　　缺省情况下，工作空间浏览器位于 MATLAB 桌面的左上方的前台。工作空间是 MATLAB 用于存储各种变量和结果的内存空间。在该窗口中显示工作空间中所有变量的名称、大小、字节数和变量类型说明，可对变量进行观察、编辑、保存和删除，如图 1-2-4 所示。选中变量，单击右键打开菜单项。菜单中的 open 命令可以在数组编辑器（Array Editor）中打开变量；graph 命令可以选择适当绘图指令使变量可视化显示。

4. 当前目录浏览器

　　缺省情况下，当前目录浏览器位于 MATLAB 桌面的左上方的后台，如图 1-2-5 所示。点击标签（Current Directory）即可在前台看到当前目录浏览器，它可以独立存在。

第一部分　MATLAB 运行环境

图1-2-4　MATLAB 的工作空间浏览器

选中文件，鼠标右键激活菜单项，可以完成打开或运行 M 文件、装载数据文件（MAT 文件）等操作。

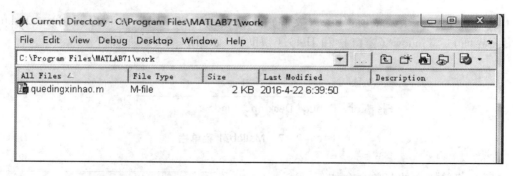

图1-2-5　MATLAB 的当前目录浏览器

5. 当前工作目录

MATLAB 默认当前工作目录为 matlab71\work 目录。一般来说，我们将这个目录用作临时工作目录。用户最好创建自己的用户目录（例如创建文件夹 c:\MyDir）来存放自己创建的程序文件。

建立自己的用户目录后，需要修改当前工作目录为用户目录，那么，MATLAB 将会把所有相关的数据和文件都存放在同一目录下，方便用户管理。修改当前工作目录的方法：

（1）利用 MATLAB 桌面上的当前工作目录设定区进行修改。

（2）利用指令设置。"cd c:\MyDir"指令设置"c:\MyDir"为当前工作目录。

当前工作目录设置只在当前 MATLAB 环境下有效，重新启动 MATLAB，系统自动恢复默认当前工作目录为 matlab7\work 目录，需要再次进行设置。

6. 开始按钮

开始按钮如图1-2-6所示。点击该按钮出现的菜单与交互界面窗口（Launch Pad）类似。开始按钮作为一个快捷按钮，可以打开前面提到的所有窗口。

5

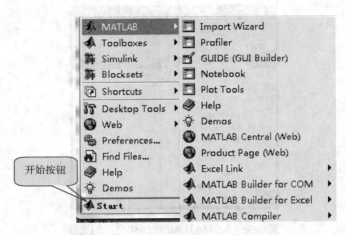

图1-2-6　MATLAB的开始按钮

三、菜单栏

菜单栏包括6个菜单项：File（文件）、Edit（编辑）、Debug（程序调制）、Desktop（桌面界面）、Window（窗口）和Help（帮助）。如图1-2-7所示。

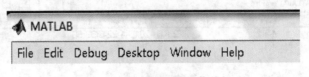

图1-2-7　Matlab71 菜单栏

每个菜单栏中的菜单命令如下所述：

（1）File（文件）子菜单栏中包括如下主要菜单命令：New（创建一个新项目或文件，包括M文件（M-File）、图片（Figure）、变量（Variable）、模型（Model）、图形界面（GUI））、Open（打开已有的文件）、Close Command Window（关闭命令窗口）、Import Data（导入数据）、Save Workspace as（用新文件名另存当前项目为）、Set Path（设定工作路径）、Preferences（设置属性参数）、Page Setup（文件打印的页面设置）、Print（执行打印）、Print selection（打印选项）、Exit Matlab（退出 Matlab），如图1-2-8所示。（注：菜单命令后面对应的是该菜单命令的快捷键）

图1-2-8　文件子菜单栏

(2) Edit（编辑）子菜单栏包括如下主要菜单命令：Undo（撤销上一步操作）、Redo（重复上一步操作）、Cut（将当前选定的内容剪切）、Copy（复制选定的内容）、Paste（将剪贴板中的内容粘贴到光标当前位置处）、Paste to Workspace（将剪贴板中的内容粘贴到工作区）、Select All（选择当前窗口中所有内容）、Delete（删除当前选定的对象或光标位置处的字符）、Find（查找所需内容）、Find Files（查找所需文档）、Clear Command Window（清除命令窗口区的对象）、Clear Command History（清除命令窗口区的历史命令）、Clear Workspace（清除工作空间中变量），如图 1-2-9 所示。（注：菜单命令后面对应的是该菜单命令的快捷键）

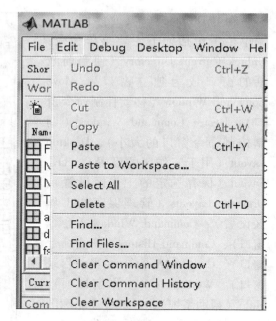

图 1-2-9　编辑子菜单栏

(3) Debug（程序调试）子菜单栏包括如下主要菜单命令：Open M-Files when Debugging（打开 M 文件的调试工具）、Step（调试程序的步进）、Step In（进入调试程序的子函数）、Step Out（跳出调试程序的子函数）、Continue（继续执行程序到下一断点）、Clear Breakpoints in All Files（清除所有文件中的断点）、Stop if Errors/Warnings（在程序出错或报警处停止向下执行）、Exit Debug Mode（退出程序调试模式），如图 1-2-10 所示。（注：菜单命令后面对应的是该菜单命令的快捷键）

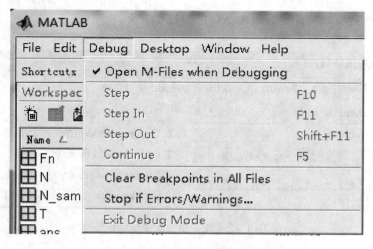

图 1-2-10　程序调试子菜单栏

（4）Desktop（桌面界面）子菜单栏中包括如下主要菜单命令：Unluck Current Directory（使当前激活的窗口成为独立窗口）、Move Command Window（移动控制命令窗口）、Resize Command Window（调制控制命令窗口的大小）、Desktop Layout（用于工作区的设置）、Save Layout（保存选定的工作区设置）、Organize Layouts（管理保存的工作区设置）、Command Window（命令窗口）、Command History（历史命令窗口）、Current Directory（当前目录窗口）、Workspace（工作窗口项）、Help（帮助系统）、Profiler（轮廓图窗口项）、Toolbar（显示或隐藏工具栏）、Shortcuts Toolbar（显示或隐藏快捷方式选项）、Titles（显示或隐藏标题栏选项），如图1-2-11所示。（注：菜单命令后面对应的是该菜单命令的快捷键）

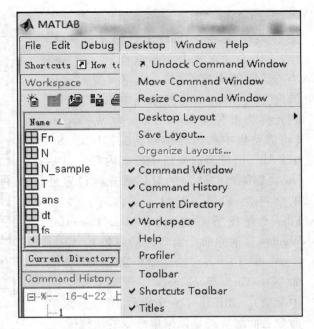

图1-2-11 桌面界面的子菜单栏

（5）Window（窗口）子菜单栏中包括如下主要菜单命令：Close All Documents（关闭所有文档）、0 Command Window（激活命令窗口为当前活动窗口）、1 Command History（历史激活命令窗口为当前活动窗口）、2 Current Directory（激活当前路径窗口为当前活动窗口）、3 Workspace（激活工作空间为当前活动窗口），如图1-2-12所示。（注：菜单命令后面对应的是该菜单命令的快捷键）

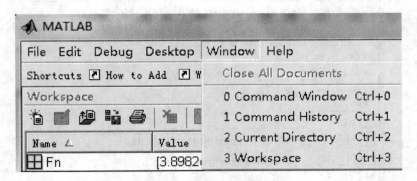

图1-2-12 窗口的子菜单栏

（6）Help（帮助）子菜单栏中包括如下主要菜单命令：Full Product Family Help（所有产品类型帮助）、Matlab Help（Matlab 帮助）、Using the Desktop（用桌面界面）、

Using the Command Window（用命令窗口）、Web Resources（网页资源）、Check for Updates（更新检查）、Demos（演示）、Terms of Use（使用条款）、Patents（专利）、About Matlab（关于 Matlab 的信息），如图 1 – 2 – 13 所示。（注：菜单命令后面对应的是该菜单命令的快捷键）

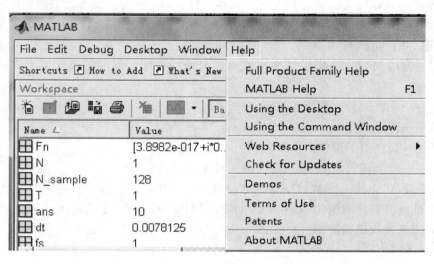

图 1 – 2 – 13　帮助子菜单栏

进入帮助窗口可以通过以下 3 种方法：
1）单击 MATLAB 主窗口工具栏中的 Help 按钮。
2）在命令窗口中输入 helpwin、helpdesk 或 doc。
3）选择 Help 菜单中的"MATLAB Help"选项。
help（帮助）命令：
1）直接输入 help 命令将会显示当前帮助系统中所包含的所有项目。
2）help 加函数名来显示该函数的帮助说明。

四、工具栏

工具栏为用户提供各种常用的操作命令。MATLAB 主窗口的工具栏共提供了 10 个命令按钮。这些命令按钮均有对应的菜单命令，但比菜单命令使用起来更快捷、方便。

第三节　MATLAB 程序设计

MATLAB 有两种工作方式：一种是在命令窗口进行的指令操作方式；另一种是 M 文件编程方式，这种方式特别适合于复杂问题的求解，是 MATLAB 高级应用的一种常用方式。MATLAB 编程中[3]，要特别注意程序的书写风格，一个好的程序，必须思路清晰，注释详细，而且是运行速度较快的。

一、M 文件、命令文件和函数文件

1. M 文件

MATLAB 的编程通过使用编写脚本来实现，脚本是一系列的命令集，可包含函数，以 M 文件的形式存储[4]。M 文件是一个文本文件，以 .m 为扩展名，根据调用方式的不同分为两类：脚本文件和函数文件，独立的 M 文件，在命令窗口中直接输入文件名（不需要输 .m）可执行 M 文件。

我们通常用 MATLAB 提供的文本编辑器来编写程序。编辑器通常用不同颜色区分不同内容：

绿色——注释部分，程序不执行。

黑色——程序主体。

红色——属性值的设定。

蓝色——控制流程，如 for，if，else，while 等。

新建一个 M 文件，在 MATLAB 命令窗口选定"file"→"new"→"M–file"即可建立 M 文件。打开已有的 M 文件，菜单操作（File→Open）或双击 M 文件。在 M 文件中，input 用来接收键盘数据，格式：a = input（'提示信息'，'选项'）；disp 输出函数，格式：disp（输出项）。

选定"save"选项即可保存文件，M 文件一般存放在默认工作目录 c：\ Programe Files \ matlab71 \ work。

一个 M 文件包含一系列的 Matlab 语句，一个 M 文件可以循环地调用它自己。

M 文件有两种类型：

第一类型的 M 文件称为命令文件，它是一系列命令、语句的简单组合。

第二类型的 M 文件称为函数文件，它提供了 Matlab 的外部函数。用户为解决一个特定问题而编写的大量的外部函数可放在 Matlab 工具箱中，这样的一组外部函数形成一个专用的软件包。

这两种形式的 M 文件，无论是命令文件，还是函数文件，都是普通的 ASC Ⅱ 文本文件，可选择编辑或字处理文件来建立。

2. 命令文件

当一个命令文件被调用时，Matlab 运行文件中出现的命令，而不是交互地等待键盘输入。命令文件的语句在工作空间中运算全局数据，对于进行分析、解决问题及做设计中所需的一长串繁杂的命令和解释是很有用的。

要注意的是：文件执行后，某些变量仍然留在工作空间。

3. 函数文件

函数文件是一种可调用的 M 文件，它是由 Function 引导，可供其他 M 文件调用。函数文件必须是一个单独的 M 文件，函数名就是 M 文件的文件名，通常带输入参数和输出参数，其输出形参多于一个时，用方括号括起来，以矩阵的形式表示。

函数文件的格式如下：

function 输出参数表 = 函数名(输入参数表)

注释部分

函数体语句

如果 M 文件的第一行包含 function，这个文件就是函数文件，它与命令文件不同，所定义变量和运算都在文件内部，而不在工作空间。函数被调用完毕后，所定义变量和运算将全部释放。函数文件对扩展 Matlab 函数非常有用。

一些有用的说明：

当 M 函数文件第一次在 Matlab 运行时，它被编译并放入内存，以后使用时不用重新编译即可得到。

what 命令：显示磁盘当前目录中的 M 文件。

dir 命令：列出所有文件。

一般而言，输入一个命令到 Matlab，例如键入 whoopie 命令，Matlab 用以下步骤解释：

（1）看 whoopie 是否为变量。

（2）检验 whoopie 是否为在线函数。

（3）检验 whoopie 文件的当前目录。

（4）将 whoopie 看成 Matlab 的 PATH 中的一个文件，在 Matlab PATH 目录中搜索。如果 whoopie 存在，Matlab 首先将其作为变量而不是作为函数。

二、MATLAB 程序流程控制

程序结构有三种：顺序结构、选择结构和循环结构。

1. 顺序结构

从程序的首行开始逐行顺序往下执行，直到最后一行。大多数简单的程序采用此结构。

2. 选择结构

根据给定的条件成立或不成立，分别执行不同的语句。如 if 语句、while 语句、switch 语句。

单分支结构：

```
if   逻辑表达式
      执行语句
end
```

双分支结构：

```
if   逻辑表达式
      执行语句 1
   else
        执行语句 2
end
```

3. 循环结构

循环结构是根据给定的条件，重复执行指定的语句。循环结构的实现有 while 语句和 for 语句。while 循环和 for 循环的区别：while 循环结构的循环体被执行的次数不是确定的,而 for 循环结构中循环体的执行次数是确定的。

Matlab 中的 while 循环语句为一个语句或一组语句在一个逻辑条件的控制下重复未知的次数。

while 的一般形式为:
```
while expression
    statements
end
```
for 循环的通用形式为:
```
for 循环变量 = 取值列表(起始值:步长:终止值)
    循环体
end
```

三、MATLAB 程序设计原则

(1) 设置完整的路径:

1) 对于用户程序中使用的文件名和变量名,系统按照以下顺序搜索:①查找对象是否是工作空间的变量;②查找对象是否是系统的内部函数;③查找对象是否是在系统的当前目录下。

2) 路径设置的方法:①在命令窗口下使用 cd 命令;②在菜单栏下的 Current directory 下。

(2) 参数值要集中放在程序的开始部分,便于维护。

(3) 每行程序后输入分号,则执行程序行不会显示在屏幕上;如果不输入分号,则执行程序行会显示在屏幕上。

(4) 养成在程序开头用 clear 指令清除变量的习惯,以消除工作空间中其他变量对程序运行的影响。

(5) 符号"%"后的内容是注释行,要善于运用注解使程序更具可读性。

(6) 如果语句在一行中放不下,则可以在行末键入三个点(…),指示下一行为续行。

(7) 遇到不明白的命令,多使用在线帮助命令或系统演示示例。

(8) 尽量使程序模块化,采用主程序调用子程序的方法,将所有子程序合并在一起来执行全部的操作。

四、MATLAB 程序的调试

一般,应用程序的错误有两类:一类是语法错误;一类是运行时的错误。语法错误包括词法或文法的错误,例如,函数名的拼写错、表达式的书写错误等。程序运行时的错误,是指程序运行结果有错误,也称为程序逻辑错误。

调试 MATLAB 程序,要求控制单步运行,断点操作。

程序运行时,为了查看程序的中间结果,有时需要暂停程序的执行,可使用 pause 函数。

格式:pause(暂停秒数)。

按任意键后,程序继续运行。强行终止程序运行可使用"Ctrl + C"操作。

利用"tic"和"toc"指令可以对程序段的执行时间进行测定,从而估计出程序执行效率,并找出改进程序、提高效率的方法。"tic"用于计时开始,而"toc"用于计时结束并显示计时结果。MATLAB 还提供了对程序执行的耗时剖析功能"profile"指令。用户通过调用该功能函数,可以轻松地观察程序中各条语句的执行耗时情况,从而为提高程序运行效率的改进思路提供参考依据。

五、设计一个 MATLAB 程序

(1)"File"→"New"弹出项目对话框,如图 1-3-1 所示。

图 1-3-1 创建一个项目

(2)选择"M-File",打开编辑窗口,如图 1-3-2 所示。

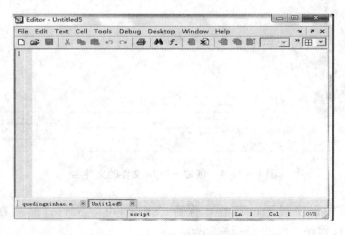

图 1-3-2 M-File 编辑界面

(3) 在"File"→"Save as",设定工作目录地址,默认工作目录 c:\ Programe Files \ matlab71 \ work,如图 1-3-3 和图 1-3-4 所示。

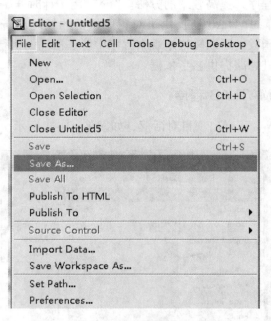

图 1-3-3　创建项目的工作目录

(4) 输入文件名,例如"xinhao",点击"保存",如图 1-3-4 所示。

图 1-3-4　创建一个 M 文件的文件名

(5) 完成编写程序代码的工作,保存"M-File"文件,然后在"Debug"→"Run",调试运行程序,如图 1-3-5 所示。

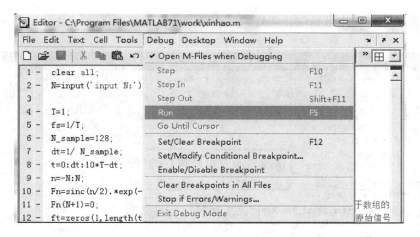

图 1-3-5　调试 M 文件

（6）程序的运行结果会在命令窗口显示。如果程序正确，则在命令窗口给出命令指令或直接给出运行结果，如图 1-3-6 所示。

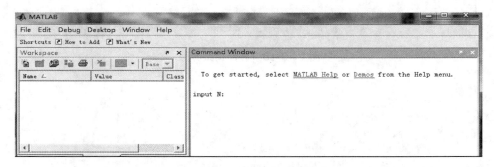

图 1-3-6　运行 M 文件的正确结果显示

（7）如果程序错误，则给出错误/警告，并指出错误所在位置，如图 1-3-7 所示。

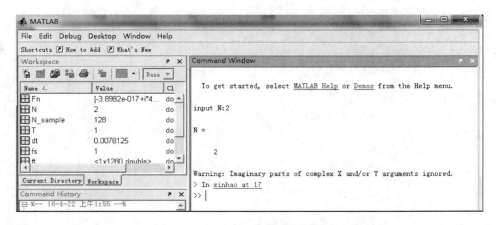

图 1-3-7　运行 M 文件的警告结果显示

（8）程序编译时出现错误，需要调试程序，一直到程序正确，如图1-3-8所示。

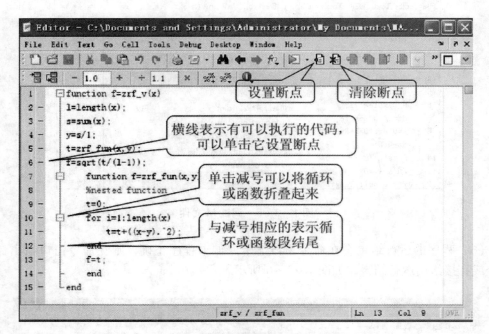

图1-3-8　程序调试界面

第二部分　通信原理 MATLAB 实验

实验一　基于 MATLAB 的确定信号分析

一、实验目的

（1）熟悉确知信号的分析原理。
（2）掌握编写确知信号程序的要点。
（3）掌握使用 MATLAB 仿真的要点。

二、实验内容

（1）根据确知信号分析，设计源程序代码。
（2）通过举例，分析展开式项数的变化，考察波形的逼近程度，考察其物理意义。

三、实验原理

1. 周期信号的傅里叶级数

若一周期信号 $F(t) = f(t + kT)$，其中，k 为整数，T 成为信号的周期。若周期信号在一个周期内可积，则可通过傅立叶级数对该信号进行展开。其傅立叶展开式如下式所示：

$$f(t) = \sum_{n=-\infty}^{\infty} F_n e^{j2\pi n f_s t} \tag{1-1}$$

式中，$F_n = \dfrac{1}{T}\displaystyle\int_{-T/2}^{T/2} f(t) e^{-j2\pi n f_s t} dt$；$f_s = 1/T$ 为信号的基波；F_n 为傅立叶展开系数，其物理意义为频率分量 nf_s 的幅度和相位。

式（1-1）表明：信号可以展开成一系列频率为 $f_s = 1/T$ 的整数倍的正弦、余弦信号的加权叠加，其中相应频率分量的加权系数即为 F_n，因此可以用周期信号的傅立叶展开来重构该周期信号，其逼近程度与展开式的项数有关。

2. 举例

设周期信号一个周期的波形为 $f(t) = \begin{cases} 1, & 0 \le t \le T/2 \\ -1, & T/2 < t \le T \end{cases}$，求该信号傅里叶级数展开式，并用 MATLAB 画出傅里叶级数展开后的波形，并通过展开式项数的变化考察其对 $f(t)$ 的逼近程度，考察其物理意义。

解：

$$F_n = \frac{1}{T}\int_0^T f(t) e^{-j2\pi n f_s t} dt \tag{1-2}$$

$$= \frac{1}{T}\left(\int_0^{\frac{T}{2}} e^{-j2\pi n f_s t} dt - \int_{\frac{T}{2}}^T e^{-j2\pi n f_s t} dt\right)$$

$$= \frac{1}{T}\left(\frac{e^{-j\pi n}-1}{-j2\pi nf_s} - \frac{1-e^{-j\pi n}}{-j2\pi nf_s}\right)$$

$$= \mathrm{sinc}(n/2)e^{-jn\pi/2}$$

注：$\mathrm{sinc}(x) = \sin\pi x/\pi x = sa(\pi x)$。

四、程序设计

（1）写出该信号傅里叶级数展开式。
（2）用 MATLAB 画出傅里叶级数展开后的波形。
（3）通过展开式项数的变化考察其波形的逼近程度，考察其物理意义。

五、设计流程

（1）输入信号傅里叶级数展开式。
（2）用 MATLAB 程序表示傅里叶级数展开式。
（3）利用 N = input（'input N:'），可以任意改变展开式项数，以 N = 20 和 N = 100 为例，观察不同的展开式项数对其波形逼近程度的影响。
（4）可以看出：用周期信号的傅立叶展开来重构该周期信号，其逼近程度与展开式的项数有关。

六、源程序代码

源代码：

```
clear all;
N = input('input N:')      % 取展开式的项数为 2N+1 项
                           % N = input('input N:'),就可以任意改变的值
T = 1;                     % 周期为 1
fs = 1/T;
N_sample = 128;            % 为了画波形,设置每个周期的采样点数
dt = 1/N_sample;           % 时间分辨率
t = 0:dt:10*T-dt;          % 取 10 个周期
n = -N:N;
Fn = sinc(n/2).*exp(-j*n*pi/2);   % 求傅立叶系数
Fn(N+1) = 0;               % 当 n = 0 时,代入 Fn 得 Fn = 0,由于数组的序号是
                           % 从 1 开始的,即 n = -N 时对应 Fn(1),n = 0 时对
                           % 应 Fn(n+1),即 n = N 时对应 Fn(2N+1)
ft = zeros(1,length(t));   % 建立一个全零数组,其长度和原始信号长度相同,
                           % 用来存放由傅里叶展开恢复的信号
for m = -N:N;              % 共 2N+1 项累加
ft = ft + Fn(m+N+1)*exp(j*2*pi*m*fs*t);   % Fn 是一个数组,而 MATLAB 中数组中
                           % 元素的序号是从 1 开始的,故 Fn 序号
                           % 是从 1 开始的,到 2N+1 结束,该语句
                           % 中体现为为 Fn(m+N+1)
```

```
                                              % 而当 n = 0 时,Fn = 0,在数组中的位
                                              % 置为第 N + 1 个元素,故令 Fn(N +
                                              % 1) = 0
end
plot(t,ft);
xlabel('时间 (s)');
ylabel('幅度(V)');
title('N = 20 时傅里叶级数展开后的波形');    % 当输入的 N 不同时,改变 N 的值
```

七、实验波形

实验波形如图 2 – 1 – 1、图 2 – 1 – 2 所示。

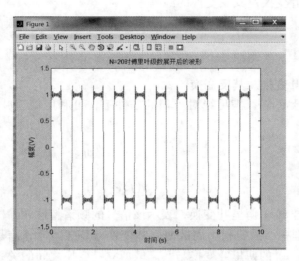

图 2 – 1 – 1　N = 20 时傅里叶级数展开后的波形

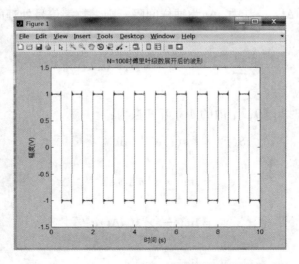

图 2 – 1 – 2　N = 100 时傅里叶级数展开后的波形

实验二　基于 MATLAB 的随机信号分析

一、实验目的

（1）熟悉随机信号的分析原理。
（2）掌握编写确知信号和随机信号的分析程序的要点。
（3）掌握使用 MATLAB 仿真的要点。

二、实验内容

（1）设计傅里叶变换及其反变换的源程序。
（2）通过举例，用 MATLAB 画出傅里叶变换后的频谱，并对频谱进行反变换。

三、实验原理

1. 信号的傅里叶变换及其反变换

对于非周期信号 $s(t)$，满足绝对可积的条件下，可利用傅里叶变换对其进行频域分析。

$$S(f) = \int_{-\infty}^{\infty} s(t) e^{-j2\pi f t} dt, \qquad (2-1)$$

$$s(t) = \int_{-\infty}^{\infty} S(f) e^{j2\pi f t} df \qquad (2-2)$$

式中，$S(f)$ 称为信号 $s(t)$ 傅里叶变换，表示该信号的频谱特性。

在数字信号处理中，需要利用离散傅立叶变换（DFT）计算信号的傅里叶变换[5]。现在考察一下信号 $s(t)$ 的傅里叶变换与其离散傅立叶变换之间的关系。

将信号 $s(t)$ 按照时域均匀抽样定理进行等间隔抽样后，得到序列 $\{s_n, n = 0,1,2, \cdots, N-1\}$，$s_n = s(n\Delta t)$，其中，$\Delta t$ 为抽样间隔，则由数字信号处理的知识可知，序列 k 的离散傅立叶变换为：

$$S_k = \sum_{n=0}^{N-1} s_n e^{-j\frac{2\pi}{N}nk} \quad (k = 0,1,0,2,\cdots,N-1) \qquad (2-3)$$

其中，N 为采样点数。

而 $s(t)$ 在一段时间 $[0, T]$ 内的傅立叶变换为：

$$S(f) = \int_0^T s(t) e^{-j2\pi f t} dt \qquad (2-4)$$

$$= \lim_{N \to \infty} \sum_{n=0}^{N-1} s(n\Delta t) e^{-j2\pi f n \Delta t} \Delta t$$

令 $\Delta t = T/N$

$$= \lim_{N \to \infty} \frac{T}{N} \sum_{n=0}^{N-1} s(n\Delta t) e^{-j\frac{2\pi}{N} n f T}$$

注意到 $s(n\Delta t) = s_n$

$$= \lim_{N \to \infty} \frac{T}{N} \sum_{n=0}^{N-1} s_n e^{-j\frac{2\pi}{N} n f T}$$

得到 $s(t)$ 在一段时间 $[0,T]$ 内的傅立叶变换是连续谱 $S(f)$，而对 $s(t)$ 进行离散傅立叶变换得到的是离散谱 S_k，为了比较它们之间的关系，对 $S(f)$ 也进行等间隔抽样，且抽样间隔为 $\Delta f = 1/T$，即其频率分辨率，则在频率范围 $[0,(N-1)\Delta f]$ 内，

$$S(f) = S(k\Delta f) = \lim_{N\to\infty}\frac{T}{N}\sum_{n=0}^{N-1}s_n e^{-j\frac{2\pi}{N}nfT} \qquad (2-5)$$

$$= \lim_{N\to\infty}\frac{T}{N}\sum_{n=0}^{N-1}s_n e^{-j\frac{2\pi}{N}nk}$$

$$= \lim_{N\to\infty}\frac{T}{N}S_k \quad (k = 0,1,2,\cdots,N-1)$$

可以看到，$s(t)$ 的离散傅里叶变换与 $s(t)$ 在一段时间 $[0,T]$ 内的傅立叶变换 $S(f)$ 的抽样 $S(k\Delta f)$ 成正比。由于 N 点离散傅里叶变换具有 $S_k = S_{k+n*N}$ 的性质，故信号 $s(t)$ 连续谱的负半轴部分可以通过对 S_k 的平移得到。

需要注意的是，信号 $s(t)$ 的离散傅立叶变换只和信号 $s(t)$ 在一段时间 $[0,T]$ 内的傅立叶变换有关，而由公式 (2-2)，$s(t)$ 的频谱是在时间 $[-\infty,\infty]$ 上得到的。所以上述计算所得到的并不是真正的信号频谱，而是信号加了一个时间窗后的频谱。当信号 $s(t)$ 是随时间衰减的或是时限信号，只要时间窗足够长，可以通过这种方法获得信号的近似频谱。因此，用 DFT 计算的信号频谱精度依赖于信号、抽样的时间间隔和时间窗的大小。一般情况下，对于时限信号，在抽样时间间隔小，即抽样频率高的情况下能获得较为精确的信号频谱。

2. 举例

设非周期信号 $s(t) = \begin{cases} 1, & 0 \leqslant t \leqslant T/2 \\ -1, & T/2 < t \leqslant T \end{cases}$，求该信号的傅里叶变换，用 MATLAB 画出傅里叶变换后的频谱，并对频谱进行反变换，画出时域波形。

解：

$$S(f) = \int_0^{\frac{T}{2}} e^{-j2\pi ft} dt - \int_{\frac{T}{2}}^{T} e^{-j2\pi ft} dt \qquad (2-6)$$

$$= \frac{e^{-j\pi fT} - 1}{-j2\pi f} - \frac{e^{-j2\pi fT} - e^{-j\pi fT}}{-j2\pi f}$$

$$= \frac{1 - e^{-j\pi fT}}{j2\pi f} - \frac{e^{-j\pi fT} - e^{-j2\pi fT}}{j2\pi f} = \frac{\left(1 - e^{-j\pi fT}\right)^2}{j2\pi f}$$

$$= \frac{\left[e^{-j\frac{1}{2}\pi fT}\left(e^{j\frac{1}{2}\pi fT} - e^{-j\frac{1}{2}\pi fT}\right)\right]^2}{j2\pi f}$$

$$= e^{-j\pi fT}\frac{-4\sin^2\left(\frac{1}{2}\pi fT\right)}{j2\pi f} = e^{-j\pi fT}\frac{\sin^2\left(\frac{1}{2}\pi fT\right)}{\left(\frac{1}{2}\pi fT\right)^2}j\frac{\pi f}{2}T^2$$

$$= j\frac{\pi f}{2}T^2 e^{-j\pi fT}\mathrm{sinc}^2(fT/2)$$

四、程序设计

（1）写出该信号傅里叶变换式和傅里叶反变换式。
（2）用 MATLAB 画出傅里叶变换和傅里叶反变换的波形。
（3）比较傅里叶变换和傅里叶反变换的波形，验证公式的正确性。

五、设计流程

（1）输入信号傅里叶变换式和傅里叶反变换式。
（2）用 MATLAB 程序表示傅里叶变换式和傅里叶反变换式。
（3）输出信号经过傅里叶变换后的频谱图和傅里叶反变换后的时域图。

六、源程序代码

源代码一：
利用 fft,fftshift 定义函数 T2F,计算信号的傅立叶变换.

```
function [f,sf] = T2F(t,st)       % 该子函数需要两个参数 t 和 st
                                  % t—离散时间;st—离散信号
dt = t(2) - t(1);                 % 时间分辨率
T = t(end);
df = 1/T;                         % 频率分辨率
N = length(st);                   % 离散傅立叶变换长度
f = -N/2 * df :df :N/2 * df - df; % 设定频谱区间,注意要关于原点对称,共有 N 个点,
                                  % 包括 0 点,故要减去一个 df
sf = fft(st);
sf = T/N * fftshift(sf);          % 信号的频谱与离散傅立叶变换之间的关系,fft-
                                  % shift(x)是将信号的频谱 x 进行移位,与原点
                                  % 对称
```

源代码二：
利用 ifft,fftshift 定义函数 F2T,计算信号的傅立叶反变换.

```
function [t,st] = F2T (f,sf)      % f 离散的频率;sf—信号的频谱
df = f(2) - f(1);                 % 频率分辨率
Fmx = f(end) - f(1) + df ;        % 频率区间长度
dt = 1/Fmx ;                      % 已知频率区间长度时,求时间分辨率,由前面频率分辨率
                                  % 公式 Δf = df = 1/T,
N = length(sf);                   % T = dt * N,得到 Δf = df = 1/(dt * N),故 dt = 1/(df *
                                  % N) = 1/Fmx,即时间分辨率
T = dt * N;                       % 信号持续时间
t = 0:dt:T - dt;                  % 离散傅立叶反变换,是 T2F 的逆过程
sff = fftshift(sf);               % 把对称的频谱进行平移,平移后同 T2F 中的 sf
st = Fmx * ifft(sff);             % 由于 T2F 中求信号频谱在 DFT 基础上乘了一个因子 T/
                                  % N,反变换求信号时要乘以其倒数即 N/T = 1/dt,正好等
```

例子的程序:

```
clear all
T = 1;
N_sample = 128;          % 为了画波形,设置每个周期的采样点数
dt = 1/N_sample;         % 时间分辨率
t = 0:dt:T - dt;
st = [ones(1,N_sample/2), -ones(1,N_sample/2)];   % 依据T将信号离散化
subplot(311);plot(t,st);
axis([0 1 -2 2]);
xlabel('t');
ylabel('s(t)');
subplot(312);
[f,sf] = T2F(t,st);
plot(f,abs(sf));hold on ;    % 画出 sf 的幅度谱,不含相位
axis([-10 10 0 1]);
xlabel('f');ylabel('|S(f)|');
title('信号傅立叶变换后的频谱');
sff = T^2 * j * pi * f * 0.5. * exp(-j * 2 * pi * f * T). * sinc(f * T * 0.5). * sinc(f * T * 0.5);
                             % 依据傅里叶变换求信号频谱
plot(f,abs(sff),'r-')
subplot(313);
[t,st] = F2T (f,sf);
plot(t,st);hold on;          % 进行离散傅立叶反变换,求原始信号
axis([0 1 -2 2]);
xlabel('t');
ylabel('恢复的 s(t)');
title('信号傅立叶反变换后的时域波形');
```

七、实验波形

实验波形如图 2-2-1 所示。

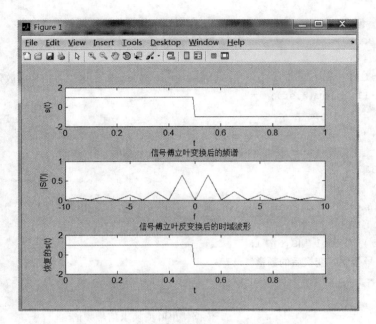

图 2-2-1　信号傅立叶变换和反变换的波形

实验三　基于 MATLAB 的数字基带仿真

一、实验目的
（1）掌握库函数产生随机数方法。
（2）对比均匀分布的随机数和高斯分布的随机数。

二、实验内容
（1）熟悉 MATLAB 库函数 rand 产生随机数的方法。
（2）用库函数 rand 产生随机数，分别举例并根据要求写出源程序。

三、实验原理

1. 库函数产生随机数

（1）均匀分布的随机数。

利用 MATLAB 库函数 rand 产生[6]。rand 函数产生（0，1）内均匀分布的随机数，使用方法有下列 3 种。

1）$x = \mathrm{rand}(m)$：产生一个 $m \times m$ 的矩阵，所含元素取值均为在（0，1）内均匀分布的随机数。

2）$x = \mathrm{rand}(m, n)$：产生一个 $m \times n$ 的矩阵，所含元素取值均为在（0，1）内均匀分布的随机数。

3）$x = \mathrm{rand}$：产生一个随机数。

（2）高斯分布的随机数。

randn 函数产生均值为 0，方差为 1 的高斯分布的随机数，使用方法有下列 3 种。

1）$x = \mathrm{randn}(m)$：产生一个 $m \times m$ 的矩阵，所含元素都是均值为 0，方差为 1 的高斯分布的随机数。

2）$x = \mathrm{randn}(m, n)$：产生一个 $m \times n$ 的矩阵，所含元素都是均值为 0，方差为 1 的高斯分布的随机数。

3）$x = \mathrm{randn}$：产生一个均值为 0，方差为 1 的高斯分布的随机数。

2. 举例

（1）产生一个（0，1）上均匀分布的白噪声信号 $u(n)$，画出其波形，并检验其分布。

（2）产生一个均值为 0，方差为 0.1，服从高斯分布的白噪声信号 $u(n)$，画出其波形。

四、程序设计

（1）首先给定信号序列的长度，如 $N = 500000$。
（2）根据题目要求，利用均匀分布所对应的库函数 rand 产生符合要求的信号，并求出信号 u(n)的方差和均值。

（3）用 MATLAB 画出信号 u(n)的波形。

（4）同理，利用高斯分布所对应的库函数 randn 产生符合要求的信号。

五、设计流程

（1）给定输入信号，定信号序列的长度。

（2）利用均匀分布所对应的库函数 rand 产生符合要求的信号，并求出信号 u(n)的方差和均值，用 MATLAB 画出该随机信号的波形。

（3）通过相同的方法可以画出第二个随机信号的波形。

六、源程序代码

源代码一：

```
clear;                    % 清除内存中可能保留的 MATLAB 变量
N = 500000;               % u(n)的长度
u = rand(1,N);            % 调用 rand,得到均匀分布的随机数 u(n)
u_mean = mean(u);         % 求 u(n)均值
power_u = var(u);         % 求 u(n)方差
subplot(211)              % 在一个图上分上下两个子图,开始画第 1 个子图
plot(u(1:100));grid on;
ylabel('u(n)');           % 给 y 轴加坐标
xlabel('n');              % 给 x 轴加坐标
subplot(212)              % 开始画第 2 个子图
hist(u,50);grid on;       % 对 u(n)做直方图,检验其分布,50 是对取值范围[0 1]均分
                          % 等分 50 份网格
ylabel('histogram of u(n)');
```

源代码二：

```
clear;
p = 0.1;
N = 500000;
u = rand(1,N);
a = sqrt(p);              % a = 0.3162
u = u * a;
power_u = var(u);
subplot(211)
plot(u(1:200));grid on;
ylabel('u(n)');
xlabel('n');
subplot(212)
hist(u,50);grid on;
ylabel('histogram of u(n)');
```

七、实验波形

实验波形如图 2－3－1、图 2－3－2 所示。

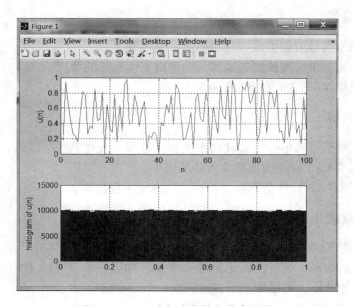

图 2－3－1　均匀分布的白噪声信号

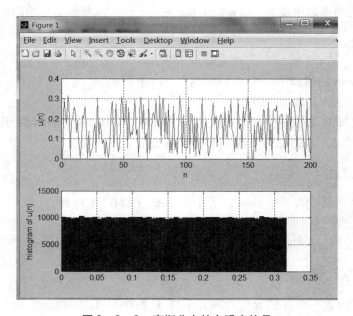

图 2－3－2　高斯分布的白噪声信号

实验四　基于 MATLAB 的基带信号波形生成及其功率谱密度

一、实验目的

（1）熟悉基带信号波形生成和其功率谱密度原理。
（2）掌握编写基带信号波形生成和其功率谱密度程序的要点。
（3）掌握使用 MATLAB 编程的要点。

二、实验内容

（1）根据基带信号波形生成和其功率谱密度原理，设计源程序代码。
（2）通过 MATLAB 软件仿真给定信号的波形。
（3）通过 MATLAB 软件仿真给定信号的功率谱密度波形。

三、实验原理

1. 基带信号波形生成

要画出完整的波形，每一个码元要采 n 个样，如果一个 N 码元的 0、1 序列 x，要画出它的矩形脉冲波形，可以用如下方法完成。

2. 信号的功率谱密度

信号 $f(t)$ 的功率谱密度为：$P(\omega) = \lim\limits_{T \to \infty} \dfrac{|F_T(\omega)|^2}{T}$，求解信号的功率谱密度[7]。

四、程序设计

（1）利用 rand 随机产生一个 N 码元的 0、1 的序列。
（2）将信号叠加上高斯噪声。
（3）利用已知的信号的功率谱密度公式，用 MATLAB 编写功率谱密度。
（4）用 MATLAB 画出原信号功率谱密度的波形。

五、设计流程

（1）输入序列长度 N，用 rand 函数生成 N 码元的 0、1 序列。
（2）输入正弦信号，并通过高斯噪声信道。
（3）设计正弦信号的功率谱密度，并画出功率谱密度的波形。

六、源程序代码

源代码一：产生一个 N 码元，每码元采样 n 个的 0、1 序列。

```
N=100;                                  % 二进制序列的长度
dsource = (sign(rand(1,N)-0.5+eps)+1)/2;  % 生成N码元的0、1序列
n=10;                                    % 每周期采样数为10
temp1 = ones(1,n);                       % 表示1码
```

```
    temp0 = zeros(1,n);                          % 表示 0 码
      new_dsource = [];
    for i = 1:length(dsource)
    if dsource(i) = = 0
    new_dsource = [new_dsource temp0];
    else
    new_dsource = [new_dsource temp1];
    end
end
    T = 0.10;                                    % 每码元周期
    t = 0:T/n:T/n * (length(new_dsource) – 1);   % 时间轴,new_dsource 序号从 1 开始
                                                 % 到(length(new_dsource),而 t 是
                                                 % 从 0 开始,故要减去 1
    plot(t,new_dsource)
    axis([min(t) – 0.01,max(t) + 0.01,min(new_dsource) – 0.01,max(new_dsource) +
    0.01])
```

源代码二：求叠加了高斯噪声的正弦信号的功率谱密度。

```
clear all
t = 0:0.001:0.6;                              % 时域信号的时间范围
x = 0.4 * sin(2 * pi * 50 * t) + 0.4 * sin(2 * pi * 320 * t);   % 正弦信号
y = x + randn(size(t));                       % 正弦信号 + 噪声
subplot(2,1,1);
plot(t(1:100),y(1:100));
title('0 均值的随机信号')
xlabel('时间 (秒)')
Nf = length(t);
Y = fft(y,Nf);                                % 求有限长(正弦 + 噪声)信号的傅里叶变换
Pyy = abs(Y).^2/Nf;                           % 求傅里叶变换模平方的均值
f = 1000 * (0:(Nf – 1)/2)/Nf;                 % 得到频率轴,1000 = 1/dt,频率区间长度,这里只画
                                              % 出了正半轴,注意区间长度
subplot(2,1,2);
plot(f,Pyy(1:((Nf – 1)/2 + 1)));              % 注意区间长度
title('信号的功率谱密度');
xlabel('频率(Hz)')
```

七、实验波形

实验波形如图 2-4-1、图 2-4-2 所示。

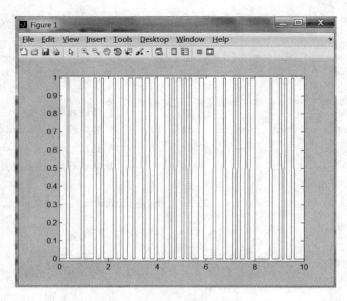

图 2-4-1　产生一个 N 码元的波形

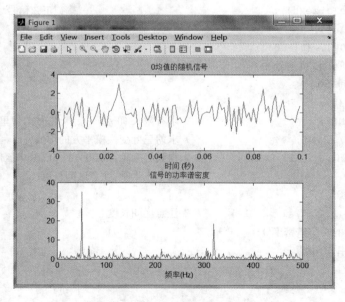

图 2-4-2　信号的功率谱密度波形

实验五 基于 MATLAB 的蒙特卡罗算法

一、实验目的

(1) 熟悉蒙特卡罗算法原理。
(2) 掌握编写蒙特卡罗算法程序的要点。
(3) 掌握使用 MATLAB 调制仿真的要点。

二、实验内容

(1) 根据蒙特卡罗算法,设计源程序代码。
(2) 通过 MATLAB 软件仿真给定信号的调制波形。
(3) 对比给定信号的理论调制波形和仿真调制波形。

三、实验原理

蒙特卡罗算法是指通过随机实验估计系统参数值的过程。蒙特卡罗算法的基本思想:由概率论可知,随机实验中实验的结果是无法预测的,只能用统计的方法来描述。故需进行大量的随机实验,如果实验次数为 N,以 N_A 表示事件 A 发生的次数。若将 A 发生的概率近似为相对频率,定义为 N_A/N。这样,在相对频率的意义下,事件 A 发生的概率可以通过重复无限多次随机实验来求得,即:

$$P(A) = \lim_{N \to \infty} \frac{N_A}{N} \tag{5-1}$$

在二进制数字通信系统中,若 N 是发送端发送的总码元数,N_A 是差错发生的次数,则总误码率可通过蒙特卡罗算法计算。

例 利用蒙特卡罗算法仿真二进制基带通信系统的误码率。

假定通信系统满足以下条件:
(1) 信源输出的数据符号是相互独立和等概的双极性基带信号;
(2) 发送端设置发送滤波器,接收端设置接收滤波器;
(3) 信道是加性高斯白噪声信道。

数字基带信号传输系统模型如图 2-5-1 所示:

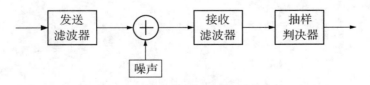

图 2-5-1 数字基带信号传输系统模型

对于单极性二进制数字系统,抽样判决器输入信号为:

$$r = \begin{cases} A + n_1, \text{"1"} \\ 0 + n_2, \text{"0"} \end{cases} \tag{5-2}$$

A 为判决器输入有用信号电压，n_1、n_2 为信道输入的均值为 0，方差为 σ_n^2 高斯噪声。

当 $P(1) = P(0) = 1/2$ 时，最佳判决门限：$V_d^* = A/2$，误码率为：

$$Pe = \frac{1}{2}erfc\left(\frac{A}{2\sqrt{2}\sigma_n}\right) = \frac{1}{2}erfc\left(\sqrt{\frac{A^2}{4 \times 2\sigma_n^2}}\right) = \frac{1}{2}erfc\left(\sqrt{\frac{SNR}{4}}\right) \tag{5-3}$$

抽样判决器输入信噪比：$SNR = \frac{A^2}{2\sigma_n^2}(\sigma_n = \sqrt{\frac{A^2}{2SNR}} = \frac{A}{\sqrt{2SNR}})$ \qquad (5-4)

通信系统的蒙特卡罗仿真模型如图 2-5-2 所示。编程实现二进制基带通信系统的误码率的蒙特卡罗仿真，并和理论误码率进行比较。

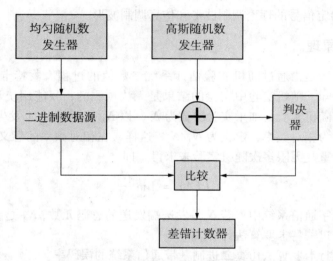

图 2-5-2　通信系统的蒙特卡罗仿真模型

本实验的核心内容：用蒙特卡罗模型仿真双极性数字基带系统在不同信噪比下的误码率曲线；用理论公式计算双极性数字基带系统在不同信噪比下的误码率曲线，并进行比较。

仿真流程图如图 2-5-3 所示。

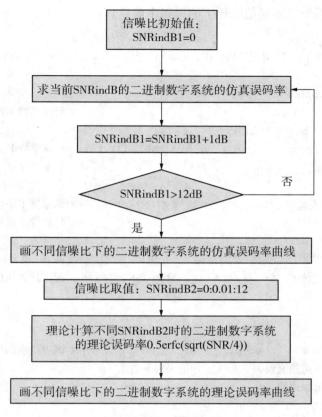

图 2-5-3 仿真流程

四、程序设计

（1）首先，令信噪比初始值为 0。

（2）求出当前 SNRindB1 的二进制数字系统的仿真误码率。

（3）让信噪比不断加 1，假如信噪比大于 12，则画出不同信噪比的二进制数字系统的仿真误码率曲线，否则重复步骤 2、3。

（4）假如信噪比大于 12，让信噪比 SNRindB2 为零，然后不断加 0.01，直到等于 12 为止，计算出不同信噪比的二进制数字系统的理论误码率，并画出对应的曲线。

五、设计流程

（1）定义信噪比初始值为 0。

（2）求出当前信噪比的二进制数字系统的仿真误码率。

（3）通过循环语句，让信噪比不断加 1，假如信噪比大于 12，则画出不同信噪比的二进制数字系统的仿真误码率曲线，否则重复上述步骤 2、3，并计算蒙特卡洛仿真误码率。

（4）利用循环语句，计算出不同信噪比的二进制数字系统的理论误码率，并画出双极性数字基带系统在不同信噪比下的误码率曲线。

六、源程序代码

源代码：

```
SNRindB1 = 0:1:12;
SNRindB2 = 0:0.01:12;                                  % 计算蒙特卡洛仿真误码率
for i = 1:length(SNRindB1)
    smld_err_prb(i) = Fun_singlePe(SNRindB1(i));       % 调蒙特卡洛仿真误码
                                                        % 率子程序
end
semilogy(SNRindB1,smld_err_prb,'r*');                  % 画蒙特卡洛仿真误码率曲线
                                                        % 计算理论误码率
for i = 1:length(SNRindB2)
    SNR = 10^(SNRindB2(i)/10);                         % 将 dB 换为比值
    theo_err_prb(i) = (1/2)*erfc(sqrt(SNR/4));         % 理论计算该信噪比下的误码率
end

hold on
semilogy(SNRindB2,theo_err_prb);                       % 画理论误码率曲线
legend('蒙特卡洛仿真误码率曲线','理论误码率曲线');
ylabel('理论的误码率');
xlabel('信噪比');
title('双极性数字基带系统在不同信噪比下的误码率曲线');
grid on
```

子函数程序

```
function [p] = Fun_singlePe(snr_in_dB)                 % 计算误码率
                                                        % 信噪比与 dB 值的转换

E = 1;                                                  % 信号幅度为 1v
SNR = 10^(snr_in_dB/10);                               % 求信号与噪声的比值
sigma = E/sqrt(SNR*2);                                 % 产生标准差为 sgma,均值为 0 的
                                                        % N 个高斯白噪声
                                                        % 噪声的标准差
                                                        % 二进制序列的产生
N = 10000;                                              % 二进制序列的长度
dsource = (sign(rand(1,N)-0.5+eps)+1)/2;               % 计算误码率
numoferr = 0;                                           % 误码计数器
for i = 1:N
if(dsource(i) = =0)
    r = 0 + sigma * randn;                             % 发送端发 0 时的,接收信号
    else
    r = E + sigma * randn;                             % 发送端发 1 时的,接收信号
```

```
      end
  if(r<0.5*E)
      decis=0;                              % 判决
  else
      decis=1;                              % 判决
  end
      if(decis~=dsource(i))                 % 与发端序列比较
          numoferr=numoferr+1;              % 与发端序列不相同的,误码计数
                                            % 器加1

      end
end
p=numoferr/N;                               % 求误码率
```

七、实验波形

实验波形如图2-5-4所示。

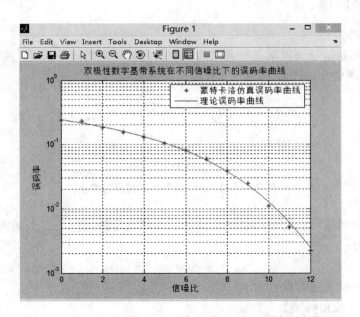

图2-5-4 双极性数字基带系统在不同信噪比下的误码率曲线

实验六 基于 MATLAB 的 AM 调制解调仿真

一、实验目的

（1）熟悉 AM 调制解调原理。
（2）掌握编写 AM 调制解调程序的要点。
（3）掌握使用 MATLAB 调制解调仿真的要点。

二、实验内容

（1）根据 AM 调制解调原理，设计源程序代码。
（2）通过 MATLAB 软件仿真给定信号的调制波形。
（3）对比给定信号的理论调制波形和仿真解调波形。

三、实验原理

1. AM 调制

AM 是指调制信号去控制高频载波的幅度，使其随调制信号呈线性变化的过程。AM 信号的调制原理模型如图 2-6-1 所示：

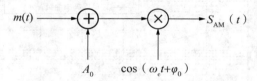

图 2-6-1 AM 信号的调制原理模型

$m(t)$ 为基带信号，它可以是确知信号，也可以是随机信号，但通常认为它的平均值为 0，载波为：

$$c(t) = A\cot(\omega_c t + \varphi_0) \qquad (6-1)$$

式中，A——振幅（通常设置为 1）；

ω_c——载波角频率；

φ_0——初始相位（通常设置为 0）。

2. AM 信号的相干解调

所谓相干解调是为了从接受的已调信号中，不失真地恢复原调制信号，要求本地载波和接收信号的载波保证同频同相[8]。相干载波的一般模型如图 2-6-2 所示。

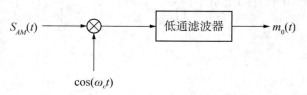

图 2-6-2　AM 信号的相干解调

已调信号乘上一个与调制器同频同相的载波，得

$$S_{AM}(t) \cdot \cos\omega_c t = [A_0 + m(t)]\cos^2\omega_c t \tag{6-2}$$

$$= \frac{1}{2}[A_0 + m(t)] + \frac{1}{2}[A_0 + m(t)]\cos 2\omega_c t$$

由式（6-2）可知，只要用一个低通滤波器，就可以将第 1 项与第 2 项分离，无失真的恢复出原始的调制信号为：

$$m_0(t) = \frac{1}{2}[A_0 + m(t)] \tag{6-3}$$

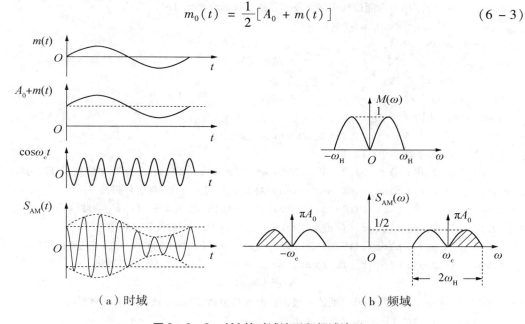

（a）时域　　　　　　　　　　（b）频域

图 2-6-3　AM 的时域波形和频域波形

相干解调的关键是必须产生一个与调制器同频同相位的载波。如果同频同相位的条件得不到满足，则会破坏原始信号的恢复。

四、程序设计

（1）首先输入一个基带信号。

（2）将基带信号与直流信号叠加后，用余弦信号进行调制。

（3）利用 MATLAB 软件画出基带信号、载波信号、已调信号和解调后信号的时域波形。

（4）利用 MATLAB 软件画出基带信号、载波信号、已调信号和解调后信号的频域波形。

五、设计流程

（1）首先，输入基带信号。
（2）将基带信号和一个直流信号叠加，得到叠加信号。
（3）将叠加得到的信号与载波信号相乘，得到已调信号。
（4）用 MATLAB 工具分别画出基带信号、载波信号、已调信号和解调后信号的时域波形和频域波形。

六、源程序代码

源代码：

```
% AM 调制
figure('Name','信号调制过程中波形及其频谱','NumberTitle','off')
a0 = 2;f0 = 10;fc = 50;fs = 1000;snr = 5;
t = [-20:0.001:20];
am1 = cos(2*pi*f0*t);              % 信息信号
am = a0 + am1;
t1 = cos(2*pi*fc*t);               % 载波
s_am = am.*t1;
AM1 = fft(am1); T1 = fft(t1); S_AM = fft(s_am);
f = (0:40000)*fs/40001 - fs/2;
subplot(3,2,1);plot(t(19801:20200),am1(19801:20200));title('信息信号波形');
subplot(3,2,2);plot(f,fftshift(abs(AM1)));title('信息信号频谱');
subplot(3,2,3);plot(t(19801:20200),t1(19801:20200));title('载波信号');
subplot(3,2,4);plot(f,fftshift(abs(T1)));title('载波信号频谱');
subplot(3,2,5);plot(t(19801:20200),s_am(19801:20200));title('已调信号');
subplot(3,2,6);plot(f,fftshift(abs(S_AM)));title('已调信号频谱');
                          % 产生噪声
figure('Name','添加噪声及带通滤波过程波形及其频谱','NumberTitle','off');
y = awgn(s_am,snr);
a = [35,65];b = [30,70];
Wp = a/(fs/2);
Ws = b/(fs/2);
Rp = 3;
Rs = 15;
[N,Wn] = buttord(Wp,Ws,Rp,Rs);
[B,A] = butter(N,Wn,'bandpass');
q = filtfilt(B,A,y);
Q = fft(q);Y = fft(y);
subplot(2,2,1);plot(t(19801:20200),y(19801:20200));title('添加噪声后信号
```

波形');
　　subplot(2,2,2);plot(f,fftshift(abs(Y)));title('添加噪声后信号频谱');
　　subplot(2,2,3);plot(t(19801:20200),q(19801:20200));title('带通滤波后信号波形');
　　subplot(2,2,4);plot(f,fftshift(abs(Q)));title('带通滤波后信号频谱');
　　　　　　　　　　　　　　% 解调
figure('Name','相干解调所得波形及其频谱','NumberTitle','off');
ss_am = q.*t1;
Wp = 15/(fs/2);Ws = 40/(fs/2);Rp = 3;Rs = 20;
[N,Wn] = buttord(Wp,Ws,Rp,Rs);
[B,A] = butter(N,Wn,'low');
m0 = filtfilt(B,A,ss_am);
M0 = fft(m0);
subplot(2,1,1);plot(t(19801:20200),m0(19801:20200));title('解调信号');
subplot(2,1,2);plot(f,fftshift(abs(M0)));title('解调信号频谱');

七、实验波形

实验波形如图 2-6-4 至图 2-6-6 所示。

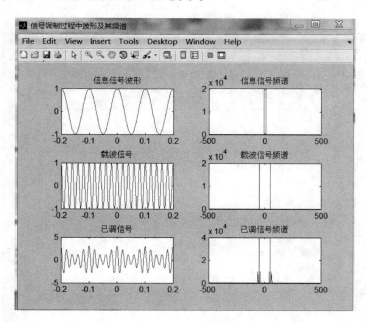

图 2-6-4　振幅调制仿真波形

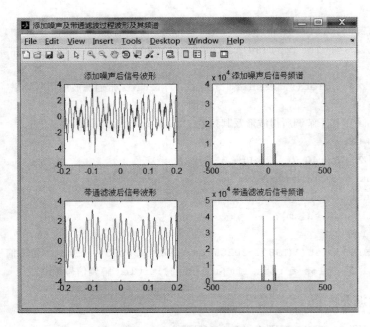

图 2-6-5　添加噪声及带通滤波过程波形及其频谱

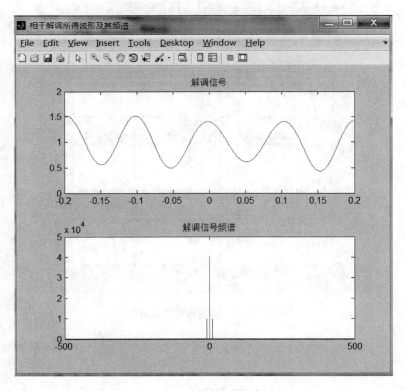

图 2-6-6　振幅解调仿真波形

实验七　基于 MATLAB 的 DSB 调制与解调仿真

一、实验目的

（1）熟悉 DSB 调制与解调原理。
（2）掌握编写 DSB 调制与解调程序的要点。
（3）掌握使用 MATLAB 调制与解调仿真的要点。

二、实验内容

（1）根据 DSB 调制与解调原理，设计源程序代码。
（2）通过 MATLAB 软件仿真给定信号的调制波形。
（3）对比给定信号的理论调制波形和解调波形。

三、实验原理

在 AM 信号中，载波分量并不携带信息，信息完全由边带传送。如果将载波抑制，只需去掉将直流 A_0 去掉，即可输出抑制载波双边带信号，简称双边带信号（DSB）。DSB 调制器模型如图 2-7-1 所示。

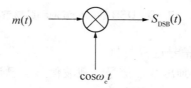

图 2-7-1　DSB 调制器模型

图 2-7-1 中，设正弦载波为：

$$c(t) = A\cot(\omega_c t + \varphi_0) \tag{7-1}$$

式中，A——载波幅度（通常设置为1）；

ω_c——载波角频率；

φ_0——初始相位（通常设置为0）。

调制过程是一个频谱搬移的过程，它是将低频信号的频谱搬移到载频位置。而解调是将位于载频的信号频谱再搬回来，并且不失真地恢复出原始基带信号。双边带解调通常采用相干解调的方式，它使用一个同步解调器，即由相乘器和低通滤波器组成。在解调过程中，输入信号和噪声可以分别单独解调。相干解调的原理框图如图 2-7-2 所示。

四、程序设计

（1）首先输入一个基带信号。

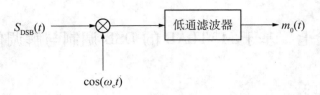

图 2-7-2 相干解调器的数学模型

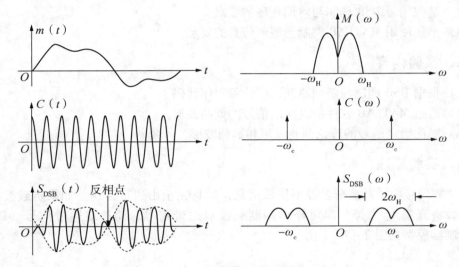

图 2-7-3 DSB 的时域波形和频域波形

（2）将基带信号用余弦信号进行调制。

（3）利用 MATLAB 软件画出基带信号、载波信号、已调信号和解调后信号的时域波形。

（4）利用 MATLAB 软件画出基带信号、载波信号、已调信号和解调后信号的频域波形。

五、设计流程

（1）首先，输入基带信号。

（2）将基带信号与载波信号相乘，得到已调信号。

（3）用 MATLAB 工具分别画出基带信号、载波信号、已调信号和解调后信号的时域波形和频域波形。

六、源程序代码

源代码：

```
% DSB 调制与解调
Fs = 100000;                        % 抽样频率
Fc = 30000;                         % 载波频率
N = 1000;                           % FFT 长度
```

```matlab
n = 0:N-1;
t = n/Fs;                                    % 截止时间和步长
x = sin(2*pi*300*t);                         % 基带调制信号
y = modulate(x,Fc,Fs,'am');                  % 抑制双边带振幅调制
yn = awgn(y,4);                              % 加入高斯白噪声
yn1 = awgn(y,10);
yn2 = awgn(y,15);
yn3 = awgn(y,20);
yn4 = awgn(y,25);
y1 = demod(y,Fc,Fs,'am');                    % 无噪声已调信号解调
yyn = demod(yn,30000,Fs,'am');               % 加噪声已调信号解调
yyn1 = demod(yn1,30000,Fs,'am');
yyn2 = demod(yn2,30000,Fs,'am');
yyn3 = demod(yn3,30000,Fs,'am');
yyn4 = demod(yn4,30000,Fs,'am');
dy1 = yn - y;                                % 高斯白噪声
snr1 = var(y)/var(dy1);                      % 输入信噪比
dy2 = yyn - y1;                              % 解调后噪声
snr2 = var(y1)/var(dy2);                     % 输出信噪比
dy11 = yn1 - y;
snr11 = var(y)/var(dy11);
dy21 = yyn1 - y1;
snr21 = var(y1)/var(dy21);
dy12 = yn2 - y;
snr12 = var(y)/var(dy12);
dy22 = yyn2 - y1;
snr22 = var(y1)/var(dy22);
dy13 = yn3 - y;
snr13 = var(y)/var(dy13);
dy23 = yyn3 - y1;
snr23 = var(y1)/var(dy23);
dy14 = yn4 - y;
snr14 = var(y)/var(dy14);
dy24 = yyn4 - y1;
snr24 = var(y1)/var(dy24);
in = [snr1,snr11,snr12,snr13,snr14];
out = [snr2,snr21,snr22,snr23,snr24];
ff1 = fft(x,N);                              % 傅里叶变换
mag1 = abs(ff1);                             % 取模
f1 = (0:length(ff1)-1)'*Fs/length(ff1);      % 频率转换
ff2 = fft(y,N); mag2 = abs(ff2);
f2 = (0:length(ff2)-1)'*Fs/length(ff2);
```

```
ff3 = fft(y1,N); mag3 = abs(ff3);
f3 = (0:length(ff3)-1)'*Fs/length(ff3);
figure(1);
subplot(221)                                          % 绘制曲线
plot(t,x)
xlabel('调制信号波形')
subplot(222)
plot(f1,mag1)
axis([0 1000 0 1000])
xlabel('调制信号频谱')
subplot(223)
plot(t,y)
xlabel('已调信号波形')
subplot(224)
plot(f2,mag2)
axis([0 40000 0 500])
xlabel('已调信号频谱')
figure(2);
subplot(311)
plot(t,yyn)
xlabel('加噪声解调信号波形')
subplot(313)
plot(f3,mag3)
axis([0 1000 0 600])
xlabel('解调信号频谱')
subplot(312)
plot(t,y1)
xlabel('无噪声解调信号波形')
figure(3);
plot(in,out,'*')
hold on
plot(in,out)
xlabel('输入信噪比')
ylabel('输出信噪比')
```

七、实验波形

实验波形如图 2-7-4 至图 2-7-6 所示。

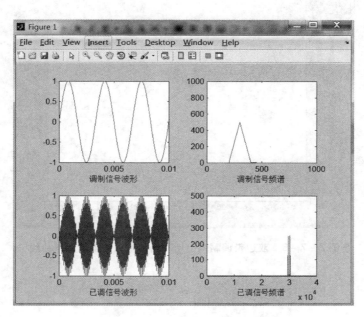

图 2-7-4　双边带调制仿真波形

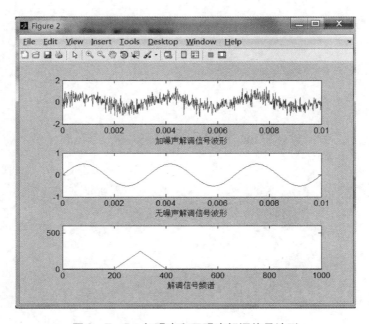

图 2-7-5　加噪声和无噪声解调信号波形

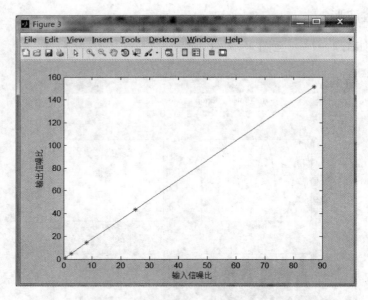

图 2-7-6 双边带调制输出信噪比和输入信噪比关系曲线

实验八　基于 MATLAB 的 SSB 调制与解调仿真

一、实验目的

（1）熟悉 SSB 调制与解调原理。
（2）掌握编写 SSB 调制与解调程序的要点。
（3）掌握使用 MATLAB 调制与解调仿真的要点。

二、实验内容

（1）根据 SSB 调制与解调原理，设计源程序代码。
（2）通过 MATLAB 软件仿真给定信号的调制波形。
（3）对比给定信号的理论调制波形和解调波形。

三、实验原理

实验原理为 SSB 调制与解调原理。

单边带调制信号是将双边带信号中的一个边带滤掉而形成的。根据方法的不同，产生 SSB 信号的方法有滤波法和相移法两种。

由于滤波法在技术上比较难实现，所以在此我们将用相移法对 SSB 调制与解调系统进行讨论与设计。相移法和 SSB 信号的时域表示如下：

1. 设单频调制信号

$$m(t) = A_m\cos\omega_m t \tag{8-1}$$

载波为：

$$c(t) = \cos\omega_c t \tag{8-2}$$

则其双边带信号 DSB 信号的时域表示式为：

$$s_{\text{DSB}}(t) = A_m\cos\omega_m t\cos\omega_c t$$
$$= \frac{1}{2}A_m\cos(\omega_c + \omega_m)t + \frac{1}{2}A_m\cos(\omega_c - \omega_m)t \tag{8-3}$$

若保留上边带，则有：

$$s_{\text{USB}}(t) = \frac{1}{2}A_m\cos(\omega_c + \omega_m)t = \frac{1}{2}A_m\cos\omega_m t\cos\omega_c t - \frac{1}{2}A_m\sin\omega_m t\sin\omega_c t \tag{8-4}$$

若保留下边带，则有：

$$s_{\text{LSB}}(t) = \frac{1}{2}A_m\cos(\omega_c - \omega_m)t = \frac{1}{2}A_m t\cos\omega_c t + \frac{1}{2}A_m\sin\omega_m t\sin\omega_c t \tag{8-5}$$

将式（8-4）、式（8-5）合并得：

$$s_{\text{SSB}}(t) = \frac{1}{2}A_m\cos\omega_m t\cos\omega_c t \mp \frac{1}{2}A_m\sin\omega_m t\sin\omega_c t \tag{8-6}$$

由希尔伯特变换,得到:

$$A_m \hat{\cos}\omega_m t = A_m \sin\omega_m t \qquad (8-7)$$

故单边带信号经过希尔伯特变换后得:

$$s_{SSB}(t) = \frac{1}{2}A_m \cos\omega_m t \cos\omega_c t \mp \frac{1}{2}A_m \hat{\cos}\omega_m t \sin\omega_c t \qquad (8-8)$$

把式(8-8)推广到一般情况,则得到:

$$s_{SSB}(t) = \frac{1}{2}m(t)\cos\omega_c t \mp \frac{1}{2}\hat{m}(t)\sin\omega_c t \qquad (8-9)$$

式中:$\hat{m}(t)$ 表示 $m(t)$ 的希尔伯特变换。

若 $M(\omega)$ 是 $m(t)$ 的傅里叶变换,则:

$$\hat{M}(\omega) = M(\omega) \cdot [-j\mathrm{sgn}\omega] \qquad (8-10)$$

式(8-10)中的 $[-j\mathrm{sgn}\omega]$ 可以看作希尔伯特滤波器传递函数。相移法 SSB 调制器的方框图如图 2-8-1 所示。

相移法是利用相移网络,对载波和调制信号进行适当的相移,以便在合成过程中将其中的一个边带抵消而获得 SSB 信号。相移法不需要滤波器具有陡峭的截止特性,不论载频有多高,均可一次实现 SSB 调制。

2. SSB 信号的解调

SSB 信号的解调不能采用简单的包络检波,因为 SSB 信号是抑制载波的已调信号,它的包络不能直接反映调制信号的变化,所以仍需采用相干解调。

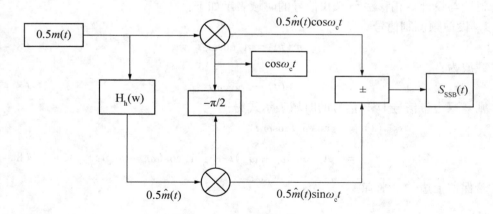

图 2-8-1 相移法原理

在单边带信号的解调中,只需要对上下边带的其中一个边带信号进行解调,就能够恢复原始信号。这是由于双边带调制中上下两个边带是完全对称的,它们所携带的信息相同,因此可以用一个边带来传输全部消息。单边带解调通常采用相干解调的方式,它使用一个同步解调器,即由相乘器和低通滤波器组成,相干解调的原理如图 2-8-2 所示。

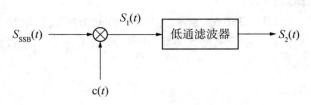

图 2-8-2 相干解调原理

图 2-8-2 表示单边带信号首先乘以一个同频同相的载波,再经过低通滤波器即可还原信号[9]。

单边带信号的时域表达式为:

$$S_{SSB}(t) = \frac{1}{2}m(t)\cos\omega_c t \pm \frac{1}{2}\hat{m}(t)\sin\omega_c t \qquad (8-11)$$

$m(t)$ 表示基带信号,其中取 "-" 时为上边带,取 "+" 时为下边带。

乘上同频同相载波后得:

$$S_1(t) = S_{SSB}(t)\cos\omega_c t = \frac{1}{4}m(t) + \frac{1}{4}m(t)\cos2\omega_c t \pm \frac{1}{4}\hat{m}(t)\sin2\omega_c t \qquad (8-12)$$

$\hat{m}(t)$ 表示 $m(t)$ 的希尔伯特变换

经低通滤波器可滤除 $2\omega_c$ 的分量,所得解调输出为:

$$S_2(t) = \frac{1}{4}m(t) \qquad (8-13)$$

由此便可得到无失真的调制信号。

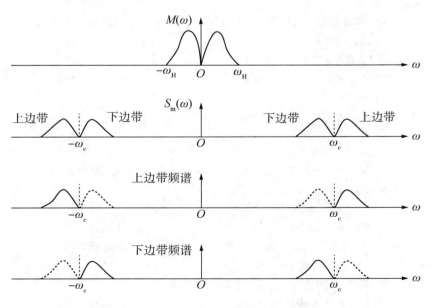

图 2-8-3 单边带信号的频谱

3. SSB 信号的性能

SSB 信号的实现比 AM、DSB 要复杂，但 SSB 调制方式在传输信息时，不仅可节省发射功率，而且它所占用的频带宽度比 AM、DSB 减少了一半。它目前已成为短波通信中一种重要的调制方式。

四、程序设计

（1）首先输入一个基带信号。
（2）将基带信号用余弦信号进行调制。
（3）利用 MATLAB 软件画出基带信号、载波信号、已调信号和解调后信号的时域波形。
（4）利用 MATLAB 软件画出基带信号、载波信号、已调信号和解调后信号的频域波形。

五、设计流程

（1）首先，输入基带信号。
（2）将叠加得到的信号与载波信号相乘，得到已调信号。
（3）用 MATLAB 工具分别画出基带信号、载波信号、已调信号和解调后信号的时域波形和频域波形。

六、源程序代码

源代码：

```
% SSB 调制
figure('Name','SSB 信号调制过程中波形及其频谱','NumberTitle','off')
f0 = 10;fc = 50;fs = 1000;snr = 5;
t = [-20:0.001:20];
am = cos(2*pi*f0*t);
am1 = sin(2*pi*f0*t);
t1 = cos(2*pi*fc*t);
t2 = sin(2*pi*fc*t);
s_dsb = am.*t1;                              % DSB 信号
Wp = 55/(fs/2);Ws = 45/(fs/2);Rp = 3; Rs = 20;      % 高通滤波器
[N,Wn] = buttord(Wp,Ws,Rp,Rs);
[B,A] = butter(N,Wn,'high');
ssb1 = filtfilt(B,A,s_dsb);                          % 上边带
Wp = 45/(fs/2);Ws = 55/(fs/2);Rp = 3; Rs = 20;      % 低通滤波器
[N,Wn] = buttord(Wp,Ws,Rp,Rs);
[B,A] = butter(N,Wn,'low');
ssb2 = filtfilt(B,A,s_dsb);                          % 下边带
AM = fft(am); T1 = fft(t1); SSB1 = fft(ssb1);SSB2 = fft(ssb2);
f = (0:40000)*fs/40001 - fs/2;
```

```matlab
subplot(3,2,1);plot(t(19801:20200),am(19801:20200));title('信息信号波形');
subplot(3,2,2);plot(f,fftshift(abs(AM)));title('信息信号频谱');
subplot(3,2,3);plot(t(19801:20200),t1(19801:20200));title('载波信号');
subplot(3,2,4);plot(f,fftshift(abs(T1)));title('载波信号频谱');
subplot(3,2,5);
plot(t(19801:20200),ssb1(19801:20200),':',t(19801:20200),ssb2(19801:20200));
title('已调信号(虚线-上边带/实线-下边带)');
subplot(3,2,6);
plot(f,fftshift(abs(SSB1)),':',f,fftshift(abs(SSB2)));
title('SSB调制信号频谱(虚线-上边带/实线-下边带)');
legend('上边带','下边带');
figure('Name','下边带-添加噪声及带通滤波过程波形及其频谱','NumberTitle','off');
                                                    % 加噪声
y=awgn(ssb2,snr);                                   % 以下边带为例设计
a=[35,65];b=[30,70];
Wp=a/(fs/2);Ws=b/(fs/2);Rp=3;Rs=15;
[N,Wn]=buttord(Wp,Ws,Rp,Rs);
[B,A]=butter(N,Wn,'bandpass');
q=filtfilt(B,A,y);
Q=fft(q);Y=fft(y);
subplot(2,2,1);plot(t(19851:20050),y(19851:20050));title('添加噪声后信号波形');
subplot(2,2,2);plot(f,fftshift(abs(Y)));title('添加噪声后信号频谱');
subplot(2,2,3);plot(t(19801:20200),q(19801:20200));title('带通滤波后信号波形');
subplot(2,2,4);plot(f,fftshift(abs(Q)));title('带通滤波后信号频谱');

                                                    % 解调
figure('Name','下边带-相干解调所得波形及其频谱','NumberTitle','off');
s_ssb2=q.*t1;
Wp=15/(fs/2);Ws=40/(fs/2);Rp=3;Rs=20;
[N,Wn]=buttord(Wp,Ws,Rp,Rs);
[B,A]=butter(N,Wn,'low');
m0=filtfilt(B,A,s_ssb2);
M0=fft(m0);
subplot(2,1,1);plot(t(19801:20200),m0(19801:20200));title('解调信号');
subplot(2,1,2);plot(f,fftshift(abs(M0)));title('解调信号频谱');
```

七、实验波形

实验波形如图 2-8-4 至图 2-8-6 所示。

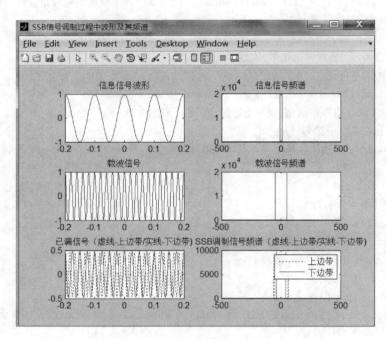

图 2-8-4 单边带信号调制波形及频谱

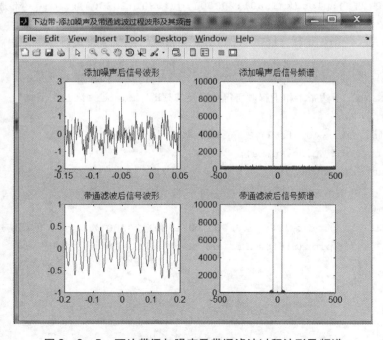

图 2-8-5 下边带添加噪声及带通滤波过程波形及频谱

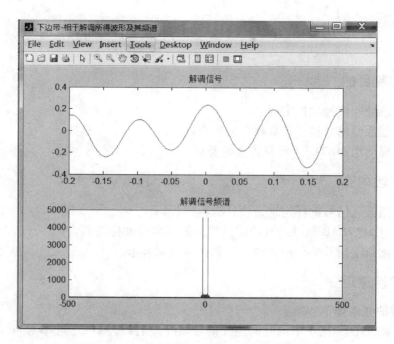

图 2-8-6 下边带相干解调所得波形及频谱

实验九　基于 MATLAB 的低通信号抽样定理

一、实验目的

（1）熟悉低通信号抽样定理。
（2）掌握低通信号抽样定理程序的要点。
（3）掌握使用 MATLAB 调制仿真的要点。

二、实验内容

（1）根据低通信号抽样定理，设计源程序代码。
（2）通过 MATLAB 软件仿真给定信号的低通信号抽样波形。
（3）对比给定信号的理论调制波形和仿真调制波形。

三、实验原理

1. 低通抽样定理

一频带限制在 $(0, f_H)$ 内的时间连续信号 $m(t)$，若以 $f_s \geqslant 2f_H$ 速率对 $m(t)$ 等间隔 $T_s = 1/f_s \leqslant 1/2f_H$ 抽样，则 $m(t)$ 将被所得抽样函数 $m_s(t)$ 完全确定。

下面对这个定理进行证明。设有一个最高频率小于 f_H 的信号 $m(t)$。将这个信号和周期性单位冲激脉冲 $\delta_T(t)$ 相乘，乘积就是抽样信号，它是一系列间隔为 T 秒的强度不等的冲激脉冲。这些冲激脉冲的强度等于相应时刻上信号的抽样值。

现用 $m_s(t) = \sum m(kT)$ 表示此抽样信号序列。故有 $m_s(t) = m(t)\delta_T(t)$，令 $M(f)$、$\Delta_\Omega(f)$ 和 $M_s(f)$ 分别表示 $m(t)$、$\delta_T(t)$ 和 $m_s(t)$ 的频谱。计算可得：

$$M_s(t) = \frac{1}{T}\left[M(f) * \sum_{n=-\infty}^{\infty}\delta(f - nf_s)\right] = \frac{1}{T}\sum_{-\infty}^{\infty} M(f - nf_s) \qquad (9-1)$$

式（9-1）表明，抽样信号的频谱 $M_s(f)$ 是无数间隔频率为 nf_s 的原信号频谱 $M(f)$ 相叠加而成。$m(t)$、$\delta_T(t)$ 和 $m_s(t)$ 的时域和频域波形如图 2-9-1 所示。

信号 $m(t)$ 的最高频率小于 f_H，若频率间隔 $f_s \geqslant 2f_H$，则 $M_s(f)$ 中包含的每个原信号频谱 $M(f)$ 之间互不重叠。这样就能够从 $M_s(f)$ 中用一个低通滤波器分离出 $m(t)$ 的频谱 $M(f)$，也就是能从抽样信号中恢复原信号。

2. 信号的恢复

可用传输函数的理想低通滤波器不失真地将原模拟信号 $f(t)$ 恢复出来，这是一种理想恢复。

$$g(t) = \frac{1}{2\pi}\int_{-\infty}^{\infty} G(j\omega)e^{j\omega}d\Omega = \frac{\sin(\Omega_s t/2)}{\Omega_s t/2} \qquad (9-2)$$

由于 $\Omega_s = 2\pi/T$，

$$g(t) = \frac{\sin(\pi t/T)}{\pi/T} \qquad (9-3)$$

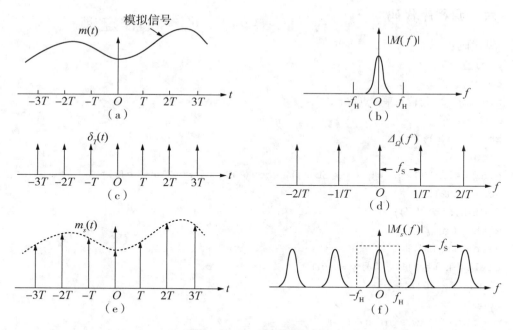

图 2-9-1 低通抽样过程

理想低通滤波器的输入输出信号 $f(t)$ 和 $y(t)$ 的关系为:

$$y(t) = \hat{f}(t) * g(t) = \int_{-\infty}^{\infty} f(t)g(t-\tau)d\tau \qquad (9-4)$$

四、程序设计

（1）首先输入给定的模拟信号。

（2）根据抽样定理，构造抽样函数 fft1，对模拟信号进行抽样后，画出抽样信号的时域波形和频域波形。

（3）将抽样信号的频域波形经过低通滤波器，对信号进行重构，得到恢复后的连续信号。

五、设计流程

（1）首先输入给定的模拟信号，这里令 $y = \sin(100*pi*t) + \cos(200*pi*t)$，并使用 n1 = input('请输入采样点数 n:')，可以任意改变采样点数。

（2）调用抽样函数 fft1，对模拟信号进行抽样后，画出抽样信号的时域波形和频域波形。

（3）将抽样信号的频域波形经过低通滤波器，对信号进行重构，得到恢复后的连续信号。

六、源程序代码

源代码:
```
clc;
clear;
n1 = input('请输入采样点数 n:');
n = 0:n1;
zb = size(n);
figure
sinf = sin(100 * pi * n/(10 * zb(2))) + cos(200 * pi * n/(10 * zb(2)))
subplot(211);
stem(n,sinf,'.');
xlabel('n');
ylabel('x(n)');
title('采样后的时域信号 y = x(n)');
w = 0:(pi/100):4 * pi;
subplot(212)
plot(w,fft1(w,sinf,n));
xlabel('w');ylabel('x(w)');
title('采样后的频域信号 y = FT(sin(100 * pi * n) + cos(200 * pi * n))');
grid
% 经低通滤波恢复原信号
[B,A] = butter(8,350/500);              % 设置低通滤波器参数
[H,w] = freqz(B,A,512,2000);
figure;                                  % 绘制低通频谱图
plot(w * 2000/(2 * pi),abs(H));
xlabel('Hz');ylabel('频率响应幅度');
title('低通滤波器');
grid on
figure
y = filter(B,A,sinf);
subplot(1,1,1);
plot(y);                                 % 恢复后的连续信号
t = zeros(1,10000);
y = sin(100 * pi * t) + cos(200 * pi * t);
xlabel('t');ylabel('x(t)');
title('恢复后的连续信号 y = sin(100 * pi * t) + cos(200 * pi * t)');
grid on

% 调用到的子函数 fft1
function result = fft1(w,hanshu,n)
a = cell(1,length(w));
```

```
for i =1:length(w)
    m = hanshu.*((exp(-j*(i-1)*pi/100)).^n);
    a{i} = sum(m);
end
for i =1:length(w)
    result(i) = a{i};
end
```

七、实验波形

实验波形如图 2-9-2 至图 2-9-4 所示。

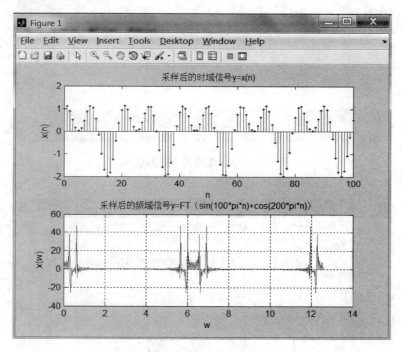

图 2-9-2　低通抽样的仿真波形（$N=100$）

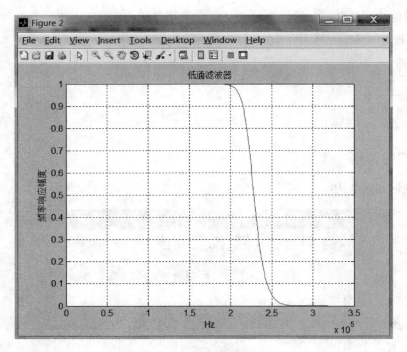

图 2-9-3 低通滤波器的波形

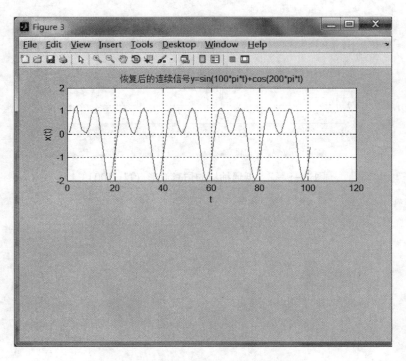

图 2-9-4 恢复后的连续信号波形

实验十 基于 MATLAB 的量化编码译码仿真

一、实验目的

（1）熟悉均匀量化和非均匀量化的原理。
（2）掌握编写均匀量化和非均匀量化程序的要点。
（3）掌握使用 MATLAB 量化编码译码仿真的要点。

二、实验内容

（1）根据均匀量化和非均匀量化的原理，设计源程序代码。
（2）通过 MATLAB 软件仿真给定信号的编码波形。
（3）对比给定信号的理论编码波形和译码波形。

三、实验原理

1. 均匀量化原理

均匀量化是指抽样值区间等间隔划分，抽样信号的均匀量化过程如图 2－10－1 所示。

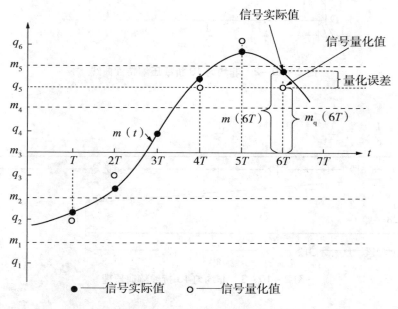

图 2－10－1 抽样信号的均匀量化

2. 非均匀量化

在实际应用中，量化器设计好后，量化电平数 M 和量化间隔 $\Delta \nu$ 都是确定的。量化噪声 N_q 也是确定的。但是，信号的强度会影响信号量噪比，当信号小时，信号量噪比也就越小。因此，均匀量化器对小输入信号很不利，为了克服这个缺点，以改善小信号时的信号量噪比，采用下述的非均匀量化方式。

在非均匀量化中[2]，量化间隔是随信号抽样值的不同而变化的。信号抽样值小时，量化间隔 Δv 也小；信号抽样值大时，量化间隔 Δv 也大，非均匀量化的实现方法有两种：一种是北美和日本采用的 μ 律压扩，一种是欧洲和我国采用的 A 律压扩，常采用的近似算法是 13 折线法，该算法的压缩特性如图 2-10-2 所示。

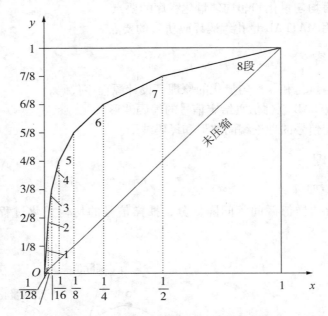

图 2-10-2　非均匀 13 折线压缩特性曲线

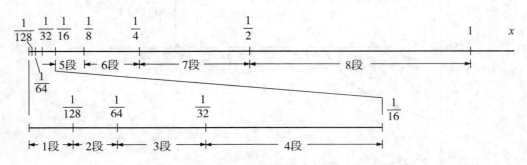

图 2-10-3　非均匀 13 折线编码原理

信号小时，三角形小，信号大时，三角形大。一般语音信号，信号幅度小出现的概率大，信号幅度大出现的概率小。通过非均匀量化，使得平均信噪比增大。

13 折线 A 律 PCM 的非线性编码方法具体过程如表 2-10-1 所示。

表2-10-1 非均匀13折线编码原理

段落编码	区间范围/Δ	量化间隔/Δ	量化区间/Δ	译码器量化输出/Δ	PCM编码
000	[0, 16]	1	[0, 1]	1	1 000 0000
			[1, 2]	2	1 000 0001
			[2, 3]	3	1 000 0010
			…	…	…
			[15, 16]	15	1 000 111
001	[16, 32]	1	[16, 17]	16	1 001 0000
			[17, 18]	17	1 001 0001
			[18, 19]	18	1 001 0010
			…	…	…
			[31, 32]	31	1 001 1111
010	[32, 64]	2	[32, 34]	33	1 010 0000
			[34, 36]	35	1 010 0001
			[36, 38]	37	1 010 0010
			…	…	…
			[62, 64]	63	1 010 1111
011	[64, 128]	4	[64, 68]	66	1 011 0000
			[68, 72]	70	1 011 0001
			[72, 76]	74	1 011 0010
			…	…	…
			[124, 128]	126	1 011 1111
100	[128, 256]	8	[128, 136]	134	1 100 0000
			[136, 144]	140	1 100 0001
			[144, 152]	148	1 100 0010
			…	…	…
			[248, 256]	252	1 100 1111
101	[256, 512]	16	[256, 272]	264	1 101 0000
			[272, 288]	280	1 101 0001
			[288, 304]	296	1 101 0010
			…	…	…
			[496, 512]	504	1 101 1111
110	[512, 1024]	32	[512, 544]	528	1 110 0000
			[544, 576]	560	1 110 0001
			[576, 608]	592	1 110 0010
			…	…	…
			[992, 1024]	1008	1 110 1111
111	[1024, 2048]	64	[1024, 1088]	1056	1 111 0000
			[1088, 1152]	1120	1 111 0001
			[1152, 1216]	1184	1 111 0010
			…	…	…
			[1984, 2048]	2016	1 111 1111

在13折线法中采用的折叠码有8位。其中第1位 c_1 表示量化值的极性正负，后7位分为段落码和段内码两部分。用于表示量化值的绝对值。其中第2～4位（c_2～c_4）是段落码，5～8位（c_5～c_8）为段内码，可以表示每一段落内的16种量化电平。段内码代表的16个量化电平是均匀分布的，因此，这7位码总共能表示 $2^7=128$ 种量化值。编码原理如图3所示，编码方法如下所示：

极性码　段落码　段内码
c_1　　$c_2 c_3 c_4$　　$c_5 c_6 c_7 c_8$

(1) 将量化区间 [a，b] 分为4096个小段。
(2) 正半轴2048个小段，负半轴2048个小段。
(3) 每个小段用 "Δ" 表示。

表2-10-2　段落码的编码规则

段 落 序 号	段落码 $c_2\ c_3\ c_4$	段落范围（量化单位）
1	000	0～16
2	001	16～32
3	010	32～64
4	011	64～128
5	100	128～256
6	101	256～512
7	110	512～1024
8	111	1024～2048

表2-10-3　段内码的编码规则

量 化 间 隔	段内码 $c_5\ c_6\ c_7\ c_8$	量 化 间 隔	段内码 $c_5\ c_6\ c_7\ c_8$
0	0000	8	1000
1	0001	9	1001
2	0010	10	1010
3	0011	11	1011
4	0100	12	1100
5	0101	13	1101
6	0110	14	1110
7	0111	15	1111

四、程序设计

(1) 首先，输入正弦或余弦信号。
(2) 根据均匀量化原理，编写均匀量化子函数 junyun，通过调用子函数 junyun，画出均匀量化后的波形。

（3）根据 13 折线法和非均匀量化编码原理，画出非均匀量化后的波形。

五、设计流程

（1）首先，输入正弦或余弦信号。

（2）根据均匀量化原理，编写均匀量化子函数"junyun"，通过调用子函数 junyun，画出均匀量化后的波形。

（3）对于非均匀量化，采用 13 折线法，根据段落码和段内码的定义，画出非均匀量化后的波形。

六、源程序代码

源代码：

```
% 均匀量化程序调用
x = [0:0.004:4*pi];
y = sin(x);
w = junyun(y,1,32);
plot(x,y,x,w);
x = [0:0.004:4*pi];
y = sin(x);
w = junyun(y,1,8);
plot(x,y,x,w);
title('均匀量化后的图形');

% 子函数
function  h = junyun(f,V,L)
n = length(f);              % 抽样序列的长度
t = 2*V/L;                  % 量化区间的宽度
p = zeros(1,L+1);
for i = 1:L+1
  p(i) = -V+(i-1)*t;
end                         % 计算量化电平值
h = zeros(1,n);
for i = 1:n
  if  f(i) > V
     h(i) = V;
  end
  if  f(i) <= -V
     h(i) = -V;
  end                       % 处理过载情况
flag = 0;
  for j = 2:L/2+1
```

```
            if  flag = = 0
                if  f(i) < p(j)
                    h(i) = p(j – 1);
                    flag = 1;
                end
            end
        end                            % 处理小于 0 的抽样值
        for j = L/2 + 2:L + 1
            if  flag = = 0
                if  f(i) < p(j)
                    h(i) = p(j);
                    flag = 1;
                end
            end
        end                            % 处理大于 0 的抽样值
end

% 非均匀量化(13 折线)
close all;
clear all;
dx = 0.01;
x = 0:dx:1;
A = 87.6;
for i = 1:length(x)
    if abs(x(i) < 1/A)
        ya(i) = A * x(i)/(1 + log(A));
    else
        ya(i) = sign(x(i)) * (1 + log(A * abs(x(i))))/(1 + log(A));
    end
end
figure(1);
plot(x,ya,'k.:');
title('A law');
xlabel('x');
ylabel('y');
grid on
hold on
xx = [0,1/128,1/64,1/32,1/16,1/8,1/4,1/2,1];
yy = [0,1/8,2/8,3/8,4/8,5/8,6/8,7/8,1]; plot(xx,yy);
stem(xx,yy);
title('非均匀量化的图形');
```

七、实验波形

实验波形如图 2-10-4、图 2-10-5 所示。

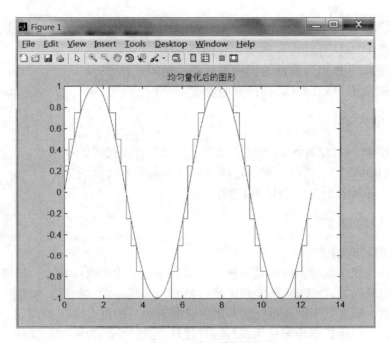

图 2-10-4　均匀量化的波形

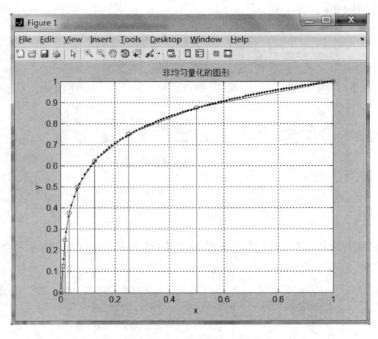

图 2-10-5　非均匀量化的波形

实验十一　基于 MATLAB 的 PCM 编码译码仿真

一、实验目的

(1) 熟悉 PCM（脉冲编码调制）原理。
(2) 掌握编写 PCM（脉冲编码调制）程序的要点。
(3) 掌握使用 MATLAB 调制仿真的要点。

二、实验内容

(1) 根据 PCM（脉冲编码调制）原理，设计源程序代码。
(2) 通过 MATLAB 软件仿真给定模拟信号编码后的波形。
(3) 对比原始信号波形和译码后的波形。

三、实验原理

1. 脉冲编码调制

脉冲编码调制在通信系统中是一种对模拟信号数字化的取样技术，将模拟信号变换为数字信号的编码方式。PCM 的实现主要包括三个步骤完成：抽样、量化、编码。分别为时间上离散、幅度上离散及量化信号的二进制表示。根据 CCITT 的建议，为改善小信号量化性能，采用压扩非均匀量化，有两种建议方式，分别为 A 律和 μ 律方式，本设计采用了 A 律方式。由于 A 律压缩实现复杂，常使用 13 折线法编码，采用非均匀量化 PCM 编码示意如图 2-11-1 所示。

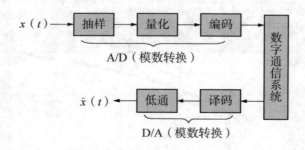

图 2-11-1　PCM 编码示意

2. 抽样

在一系列离散点上，对信号抽取样值称为抽样。其模拟信号的抽样过程如图 2-11-2 所示。

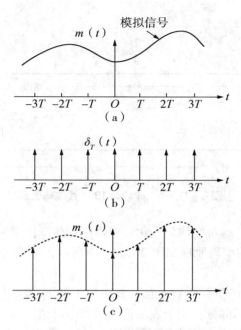

图 2-11-2 模拟信号的抽样过程

3. 非均匀量化

在实际应用中,量化器设计好后,量化电平数 M 和量化间隔 $\Delta \nu$ 都是确定的。量化噪声 N_q 也是确定的。但是,信号的强度会影响信号量噪比,当信号小时,信号量噪比也就越小。因此,均匀量化器对小输入信号很不利,为了克服这个缺点,以改善小信号时的信号量噪比,采用下述的非均匀量化方式。

在非均匀量化中,量化间隔是随信号抽样值的不同而变化的。信号抽样值小时,量化间隔 $\Delta \nu$ 也小;信号抽样值大时,量化间隔 $\Delta \nu$ 也大,非均匀量化的实现方法有两种:一种是北美和日本采用的 μ 律压扩;一种是欧洲和我国采用的 A 律压扩,常采用的近似算法是 13 折线法,该算法的压缩特性如图 2-11-3 所示。

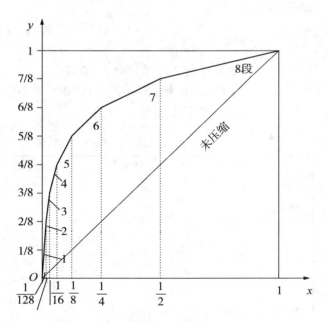

图 2-11-3 非均匀 13 折线压缩特性曲线

信号小时,Δ 小,信号大时,Δ 大。一般语音信号,信号幅度小出现的概率大,信

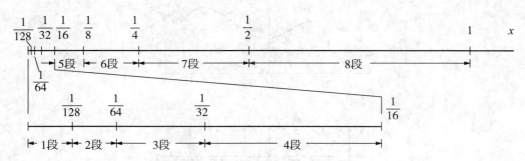

图 2–11–4 非均匀 13 折线编码原理

号幅度大出现的概率小。通过非均匀量化,使得平均信噪比增大。

13 折线 A 律 PCM 的编码原理如图 2–11–4 所示,非线性编码方法具体过程见表 2–11–1。

在 13 折线法中采用的折叠码有 8 位。其中第 1 位 c_1 表示量化值的极性正负,后 7 位分为段落码和段内码两部分。用于表示量化值的绝对值。其中第 2~4 位($c_2 \sim c_4$)是段落码,5~8 位($c_5 \sim c_8$)为段内码,可以表示每一段落内的 16 种量化电平。段内码代表的 16 个量化电平是均匀分布的,因此,这 7 位码总共能表示 $2^7 = 128$ 种量化值。编码方法如下所示:

$$\text{极性码} \quad \text{段落码} \quad \text{段内码}$$
$$c_1 \qquad c_2 c_3 c_4 \qquad c_5 c_6 c_7 c_8$$

(1)将量化区间 [a,b] 分为 4096 个小段。
(2)正半轴 2048 个小段,负半轴 2048 个小段。
(3)每个小段用 Δ 表示。

表 2–11–1 非均匀 13 折线编码原理

段落编码	区间范围/Δ	量化间隔/Δ	量化输出/Δ	译码器编码	PCM
000	[0, 16]	1	[0, 1]	1	1 000 0000
			[1, 2]	2	1 000 0001
			[2, 3]	3	1 000 0010
			…	…	…
			[15, 16]	15	1 000 111
001	[16, 32]	1	[16, 17]	16	1 001 0000
			[17, 18]	17	1 001 0001
			[18, 19]	18	1 001 0010
			…	…	…
			[31, 32]	31	1 001 1111

续上表

段落编码	区间范围/Δ	量化间隔/Δ	量化输出/Δ	译码器编码	PCM
010	[32, 64]	2	[32, 34]	33	1 010 0000
			[34, 36]	35	1 010 0001
			[36, 38]	37	1 010 0010
			…	…	…
			[62, 64]	63	1 010 1111
011	[64, 128]	4	[64, 68]	66	1 011 0000
			[68, 72]	70	1 011 0001
			[72, 76]	74	1 011 0010
			…	…	…
			[124, 128]	126	1 011 1111
100	[128, 256]	8	[128, 136]	134	1 100 0000
			[136, 144]	140	1 100 0001
			[144, 152]	148	1 100 0010
			…	…	…
			[248, 256]	252	1 100 1111
101	[256, 512]	16	[256, 272]	264	1 101 0000
			[272, 288]	280	1 101 0001
			[288, 304]	296	1 101 0010
			…	…	…
			[496, 512]	504	1 101 1111
110	[512, 1024]	32	[512, 544]	528	1 110 0000
			[544, 576]	560	1 110 0001
			[576, 608]	592	1 110 0010
			…	…	…
			[992, 1024]	1008	1 110 1111
111	[1024, 2048]	64	[1024, 1088]	1056	1 111 0000
			[1088, 1152]	1120	1 111 0001
			[1152, 1216]	1184	1 111 0010
			…	…	…
			[1984, 2048]	2016	1 111 1111

四、程序设计

（1）首先给定一个模拟信号。

（2）根据 PCM（脉冲编码调制）原理，对模拟信号进行抽样，得到离散信号，然后进行非均匀量化编码，采用13折线法。

（3）在 MATLAB 当中进行操作时，首先要画出经过 PCM 调制的模拟信号波形。

（4）将经过 PCM 调制的信号叠加上一个高斯白噪声信道，然后，根据非均匀量化译码原理，得到译码后的波形，即原始的模拟信号。

五、设计流程

（1）输入一个模拟信号，根据奈奎斯特定理，进行抽样，得到时间上离散的模拟信号。

（2）根据非均匀量化编码（13折线法），设定模拟信号各个段的段落码和段内码，并画出量化编码后的波形。

（3）根据非均匀量化编码（13折线法）的逆向思想，即不同的段落码和段内码分别对应不同的电平值，最终得到译码后的模拟信号，然后画出译码后的模拟信号的波形。

六、源程序代码

源代码：

```
% 建立原信号
T = 0.002;                                  % 取时间间隔为0.002
t = -0.1:T:0.1;                             % 时域间隔 dt 为间隔从 -0.1 到 0.1 画图
xt = cos(2*pi*30*t) + sin(2*pi*65*t);       % xt 方程
                                            % 采样:时间连续信号变为时间离散模拟
                                            % 信号
fs = 500;                                   % 抽样 fs >= 2fc,每秒钟内的抽样点数
                                            % 目将等于或大于 2fc 个
sdt = 1/fs;                                 % 频域采样间隔 0.002
t1 = -0.1:sdt:0.1;                          % 以 sdt 为间隔从 -0.1 到 0.1 画图
st = cos(2*pi*30*t) + sin(2*pi*65*t);       % 离散的抽样函数
figure(1);
subplot(3,1,1);
plot(t,xt);title('原始信号');               % 画出原始的信号图,进行对比
grid on                                     % 画背景
subplot(3,1,2);
stem(t1,st,'.');title('量化信号');          % 这里画出来的是抽样后的离散图
title('抽样信号');
grid on                                     % 画背景
                                            % 量化过程
n = length(st);                             % 取 st 的长度为 n
M = max(st);
C = (st/M)*2048;                            % $c_1$(极性码)$c_2 c_3 c_4$(段落码)
                                            % $c_5 c_6 c_7 c_8$(段内电平码)
```

```matlab
code = zeros(1,8);                              % 产生 i*8 的零矩阵
for i =1:n                                      % if 循环语句
    if C(i) > = 0                               % 极性码 $c_1$

        code(i,1) = 1;                          % 代表正值
    else
        code(i,1) = 0;                          % 代表负值
end
% 这里就是量化的过程,划分成几个不等的段,然后用码元来代替,也就是俗称编码
if abs(C(i)) > = 0&&abs(C(i)) <16
    code(i,2) = 0;code(i,3) = 0;code(i,4) = 0;step = 1;start = 0;
else if 16 < = abs(C(i))&&abs(C(i)) <32
    code(i,2) = 0;code(i,3) = 0;code(i,4) = 1;step = 1;start = 16;
else if 32 < = abs(C(i))&&abs(C(i)) <64
    code(i,2) = 0;code(i,3) = 1;code(i,4) = 0;step = 2;start = 32;
else if 64 < = abs(C(i))&&abs(C(i)) <128
    code(i,2) = 0;code(i,3) = 1;code(i,4) = 1;step = 4;start = 64;
else if 128 < = abs(C(i))&&abs(C(i)) <256
    code(i,2) = 1;code(i,3) = 0;code(i,4) = 0;step = 8;start = 128;
else if 256 < = abs(C(i))&&abs(C(i)) <512
    code(i,2) = 1;code(i,3) = 0;code(i,4) = 1;step = 16;start = 256;
else if 512 < = abs(C(i))&&abs(C(i)) <1024
    code(i,2) = 1;code(i,3) = 1;code(i,4) = 0;step = 32;start = 512;
else if 1024 < = abs(C(i))&&abs(C(i)) <2048
    code(i,2) = 1;code(i,3) = 1;code(i,4) = 1;step = 64;start = 1024;
end
B = floor((abs(C(i)) - start)/step);            % 段内码编码 floor 取整(四舍五入)
t = dec2bin(B,4) - 48;                          % dec2bsin 定义将 B 变为 4 位 2 进制
                                                % 码,-48 改变格式

code(i,5:8) = t(1:4);                           % 输出段内码
end
code = reshape(code',1,8 * n);                  % reshape 代表重新塑形
subplot(3,1,3);  stem(code,'.');axis([1 64 0 1]); % 这里我们先取前面八个点编码输
                                                % 出,输出时候有 64 个点

title('编码信号');
grid on
y = awgn(code,5);
figure(2);
stem(y,'.');axis([1 64 0 3]);                   % 这里我们先取前面八个点编码输
                                                % 出,输出时候有 64 个点

title('叠加加性高斯信号的信号');
% 译码
```

```matlab
% function[out] = pcm_decode(code,v)
% decode the codeput pcm code
% code : codeput the pcm code 8 bits sample
% v:quantized level
n = length(code);
code = reshape(code',8,n/8)';
slot(1) = 0; slot(2) = 32;
slot(3) = 64; slot(4) = 128;
slot(5) = 256; slot(6) = 512;
slot(7) = 1024; slot(8) = 2048;
step(1) = 2; step(2) = 2; step(3) = 4; step(4) = 8;
step(5) = 16; step(6) = 32; step(7) = 64; step(8) = 128;
for i = 1:n/8
    ss = 2 * code(i,1) - 1;
    tmp = code(i,2) * 4 + code(i,3) * 2 + code(i,4) + 1;
    st = slot(tmp);
    dt = (code(i,5) * 8 + code(i,6) * 4 + code(i,7) * 2 + code(i,8)) * step(tmp) + 0.5 * step(tmp);
    v = 1;
    r(i) = ss * (st + dt)/4096 * v;
end
T = 0.002;                              % 取时间间隔为 0.002
t = -0.1:T:0.1;                         % 时域间隔 dt 为间隔从 -0.1 到 0.1 画图
figure(3);
subplot(1,1,1);
plot(t,r);title('译码后的原始信号');      % 画出原始的信号图进行对比
grid on                                 % 画背景
                                        % 画出原始的信号图进行对比
```

七、理论编码译码波形

理论编码译码波形如图 2-11-5 至图 2-11-7 所示。

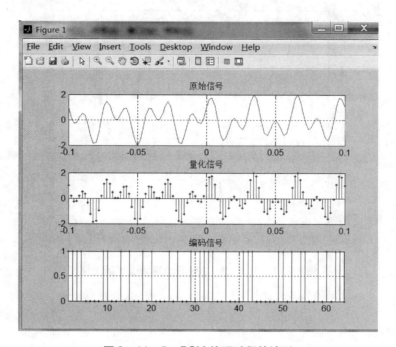

图 2-11-5　PCM 编码过程的波形

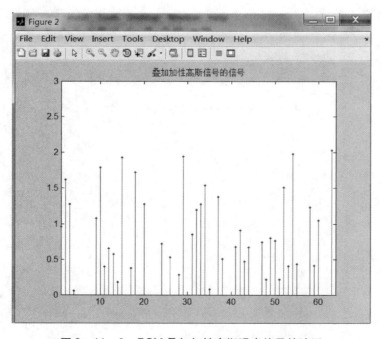

图 2-11-6　PCM 叠加加性高斯噪声信号的波形

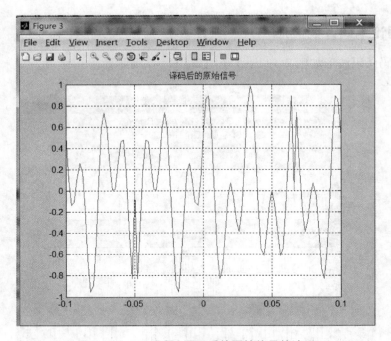

图 2-11-7 PCM 译码后的原始信号的波形

实验十二 基于 MATLAB 的数字基带信号仿真

一、实验目的

（1）掌握数字基带信号（以下简称"基带信号"）的波形及产生方法。
（2）掌握数字基带系统的 MATLAB 仿真实现。

二、实验内容

（1）根据基带信号产生的方法，设计源程序代码。
（2）通过 MATLAB 软件仿真数字基带信号的波形。

三、实验原理

在数字通信系统中，未经调制的数字信号所占据的频谱是从零频或很低频率开始，称为数字基带信号。基带信号的类型有很多。以矩形脉冲为例，讲解基本的基带信号波形。

1. 单极性不归零波形（SNRZ）

它用正电平和零电平分别对应二进制码"1"和"0"。该波形的特点是电脉冲之间无间隔，极性单一，易于用 TTL、CMOS 电路产生；缺点是有直流分量（平均电平不为零），要求传输线路具有直流传输能力，因而不适于有交流耦合的远距离传输，只适用于计算机内部或极近距离（如印制电路板内核机箱内）的传输。

2. 双极性不归零波形（DNRZ）

用正、负电平的脉冲分别表示二进制代码"1"和"0"。因其正负电平的幅度相等、极性相反，故当"1"和"0"等概率出现时无直流分量，有利于在信道中传输，并且在接收端恢复信号的判决电平为零值，因而不受信道特性变化的影响。抗干扰能力也较强。在 ITU - T 制定的 V.24 接口标准和美国电工协会（EIA）制定的 RS - 232C 接口标准中均采用双极性波形。

3. 单极性归零波形（SRZ）

所谓归零波形是指它的有电脉冲宽度 τ 小于码元宽度 T，即信号电压在一个码元终止时刻前总要回到零电平。通常，归零波形使用半占空码。

4. 双极性归零波形（DRZ）

兼有双极性和归零波形的特点。由于其相邻脉冲之间存在零电位的间隔，使得接收端很容易识别出每个码元的起止时刻，从而使收发双方能保持正确的位同步。

四、程序设计

（1）首先编写好 4 种波形的子函数源代码。
（2）编写产生数字基带信号的主函数，分别调用 4 个已经编写好的子函数。
（3）利用 MATLAB 画图工具，画出 4 种基带信号的波形。

五、设计流程

（1）首先，编写 4 种波形的子函数。
（2）在主函数输入数字信号，如 x = [1 0 1 1 0 0 1 0]。
（3）在主函数中分别代用 4 个子函数，用 MATLAB 画出 4 种数字基带信号的波形。

六、源程序代码

源代码：

```
% 产生数字基带信号
x = [1 0 1 1 0 0 1 0];
figure
subplot(211)
snrz(x);
title('单极性不归零波形(SNRZ)');
subplot(212)
dnrz(x);
title('双极性不归零波形(DNRZ)');
figure
subplot(211)
srz(x);
title('单极性归零波形(SRZ)');
subplot(212)
drz(x);
title('双极性归零波形(DRZ)');
```

调用以下 4 个子函数：
（1）单极性不归零波形（SNRZ）。

```
% 单极性不归零波形(SNRZ)
function y = snrz(x)
t0 = 200;
t = 0:1/t0:length(x);
for i = 1:length(x);
    if x(i) = =1
        for j = 1:t0 y((i-1)*t0+j) = 1;
        end
    else
        for j = 1:t0
            y((i-1)*t0+j) = 0;
        end
    end
end
```

```
y = [y,x(i)];
plot(t,y);
title('1 0 1 1 0 0 1 0');
grid on
axis([0,i,-0.1,1.1])
end
```

(2) 双极性不归零波形（DNRZ）。

```
% 双极性不归零波形(DNRZ)
function y = dnrz(x)
t0 = 200;
t = 0:1/t0:length(x);
for i = 1:length(x);
    if x(i) = = 1
      for j = 1:t0
        y((i-1)*t0+j) = 1;
      end
    else
      for j = 1:t0
        y((i-1)*t0+j) = -1;
      end
    end
end
y = [y,x(i)];
plot(t,y);
title('1 0 1 1 0 0 1 0');
grid on   axis([0,i,-1.1,1.1]);
end
```

(3) 单极性归零波形（SRZ）。

```
% 单极性归零波形(SRZ)
function y = srz(x)
t0 = 200;
t = 0:1/t0:length(x);
for i = 1:length(x);
    if x(i) = = 1
        for j = 1:t0/2
            y((2*i-2)*t0/2+j) = 1;
            y((2*i-1)*t0/2+j) = 0;
        end
    else
        for j = 1:t0
```

```
                y((i-1)*t0+j)=0;
            end
        end
end
y=[y,x(i)];
plot(t,y);
title('1 0 1 1 0 0 1 0');
grid on
axis([0,i,-0.1,1.1])
end
```

(4) 双极性归零波形（DRZ）。

```
% 双极性归零波形(DRZ)
function y=drz(x)
t0=200;
t=0:1/t0:length(x);
for i=1:length(x);
    if x(i)==1
        for j=1:t0/2
            y((2*i-2)*t0/2+j)=1;
            y((2*i-1)*t0/2+j)=0;
        end
    else
        for j=1:t0/2
            y((2*i-2)*t0/2+j)=-1;
            y((2*i-1)*t0/2+j)=0;
        end
    end
end
y=[y,x(i)];
plot(t,y);
title('1 0 1 1 0 0 1 0');
grid on
axis([0,i,-1.1,1.1]);
end
```

七、实验波形

实验波形如图 2-12-1 至图 2-12-2 所示。

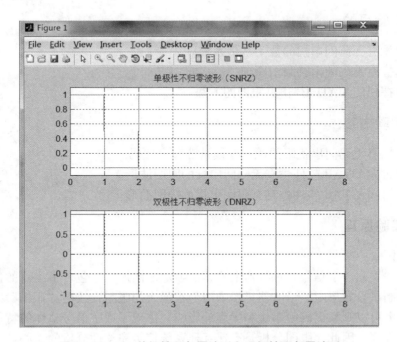

图 2-12-1　单极性不归零波形和双极性不归零波形

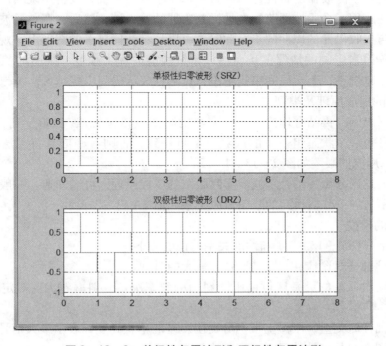

图 2-12-2　单极性归零波形和双极性归零波形

实验十三 基于 MATLAB 的有无码间串扰的眼图

一、实验目的

(1) 熟悉有无码间串扰的数字基带系统。
(2) 掌握有无码间串扰眼图原理。
(3) 掌握使用 MATLAB 仿真眼图的方法。

二、实验内容

(1) 根据有无码间串扰眼图原理,设计源程序代码。
(2) 通过 MATLAB 软件仿真无码间串扰的眼图波形。
(3) 通过 MATLAB 软件仿真有码间串扰的眼图波形。

三、实验原理

1. 眼图

眼图是一系列数字信号在示波器上累积而显示的图形,它包含了丰富的信息。因为在传输二进制信号波形时,示波器显示的图形很像人的眼睛,故名"眼图"。

从眼图上可以观察出码间串扰和噪声的影响,体现了数字信号整体的特征,从而估计系统优劣程度,因此,眼图分析是高速互连系统信号完整性分析的核心。另外,也可以用此图形对接收滤波器的特性加以调整,以减小码间串扰,改善系统的传输性能。

具体方法:用一个示波器跨接在抽样判决器的输入端,然后,调整示波器水平扫描周期,使其与接收码元的周期同步。此时,可以从示波器显示的图形上,观察码间干扰和信道噪声等因素影响的情况,从而估计系统性能的优劣程度。眼图的"眼睛"张开的越大,眼图越端正,表示码间串扰越小;反之,表示码间串扰越大。

2. 眼图的组成原理及类型

分析实际眼图,再结合理论,一个完整的眼图应该包含从"000"到"111"的所有状态组,且每一个状态组发生的次数要尽量一致,否则有些信息将无法呈现在屏幕上,8 种状态形成的眼图如图 2-13-1 所示。

由上述的理论分析,结合示波器实际眼图的生成原理,可以知道,一般在示波器上观测到的眼图与理论分析得到的眼图对应关系如图 2-13-2 所示。

3. 眼图的模型

眼图模型(图 2-13-3)和性能关系的说明如下:
(1) 最佳抽样时刻应在"眼睛"张开最大的时刻。
(2) 对定时误差的灵敏度可由眼图斜边的斜率决定。斜率越大,对定时误差就越灵敏。
(3) 在抽样时刻上,眼图上下两分支阴影区的垂直高度,表示最大信号畸变。
(4) 眼图中央的横轴位置应对应判决门限电平。

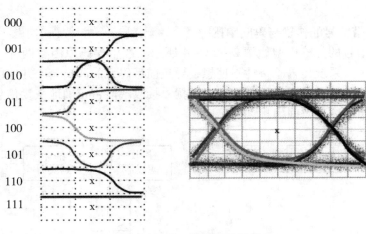

图 2-13-1 眼图形成示意

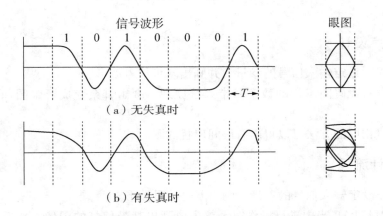

图 2-13-2 示波器上无失真波形和失真波形与眼图对应关系

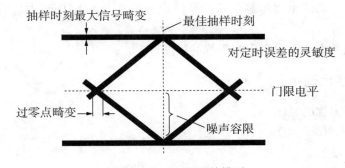

图 2-13-3 眼图的模型

（5）在抽样时刻上，上下两分支离门限最近的一根线迹至门限的距离表示各相应电平的噪声容限，噪声瞬时值超过它就可能发生错误判决。

（6）对于利用信号过零点取平均来得到定时信息的接收系统，眼图倾斜分支与横轴相交的区域的大小，表示零点位置的变动范围，这个变动范围的大小对提取定时信息有重要的影响。

4. 数字基带信号的传输与码间串扰

数字基带信号的传输模型如图2-13-4所示。产生误码原因有两种，码间串扰和信道的加性噪声。系统传输总特性不理想，导致前后码元的波形畸变并使前面波形出现很长的拖尾，从而对当前码元的判决造成干扰。接收端能否正确地恢复信息，在于能否有效地抑制噪声和减少码间串扰。

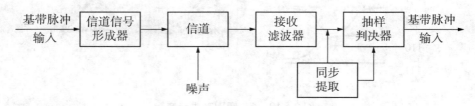

图2-13-4 数字基带信号传输模型

四、程序设计

（1）首先，设定输入信号的参量，并画出基带信号波形。

（2）根据有无码间串扰的数字基带系统原理，画出升余弦成形眼图和无码间串扰眼图。

（3）通过相同的方法可以得出有码间串扰的眼图。

五、设计流程

（1）首先设定输入信号的参量，画出基带信号波形。

（2）在MATLAB当中进行操作时，首先要画出基带信号的图像，然后再画升余弦成形眼图。

（3）根据有无码间串扰的数字基带系统原理，在MATLAB当中进行操作时，画出无码间串扰的眼图。

（4）用类似的方法画出有码间串扰的眼图。

六、源程序代码

（1）无码间串扰的眼图。

```
% 无码间串扰的眼图
close all;
alpha = 0.2;
Ts = 1e-2;
Fs = 1e3;
Rs = 50;
M = 2;
Num = 100;
```

```
Samp_rate = Fs/Rs;
Eye_num = 4;
NRZ = 2 * randint(1,Num,M) - M + 1;
figure(1);
stem(NRZ);
xlabel('t');ylabel('输出波形');
hold on; grid on;
title('基带信号');
k = 1;
for ii = 1:Num
    for jj = 1:Samp_rate
        Samp_data(k) = NRZ(ii);
        k = k + 1;
    end;
end;
[ht,a] = rcosine(1/Ts,Fs,'fir',alpha);
figure(2);
subplot(2,1,1);
plot(ht);
xlabel('t');ylabel('输出波形');
hold on; grid on;
title('升余弦成形眼图 alpha = 0.2');
st = conv(Samp_data,ht)/(Fs * Ts);
subplot(2,1,2);
plot(st);
xlabel('t');ylabel('输出波形');
hold on; grid on;
figure(3);
for k = 10:floor(length(st)/Samp_rate) - 10
    ss = st(k * Samp_rate + 1:(k + Eye_num) * Samp_rate);
    plot(ss);
    hold on; grid on;
end
    title('基带信号眼图,无码间串扰');
axis([0 40 -2 2.5]);
```

（2）有码间串扰的眼图。

```
% 有码间串扰的眼图
close all;
alpha = 0.2;
Ts = 5 * (1e - 2);
Fs = 1e3;
```

```
Rs = 50;
M = 2;
Num = 100;
Eye_num = 2;
Samp_rate = Fs/Rs;
NRZ = 2 * randint(1,Num,M) - M + 1;
figure(1);
stem(NRZ);
xlabel('t');ylabel('输出波形');
hold on; grid on;
title('基带信号波形');
k = 1;
for ii = 1:Num
    for jj = 1:Samp_rate
        Samp_data(k) = NRZ(ii);
        k = k + 1;
    end;
end
[ht,a] = rcosine(1/Ts,Fs,'fir',alpha);
figure(2);
subplot(2,1,1);
plot(ht);
xlabel('t');ylabel('输出波形');
hold on; grid on;
title('升余弦成形眼图 alpha = 0.2');
st = conv(Samp_data,ht)/(Fs * Ts);
subplot(2,1,2);
plot(st);
xlabel('t');ylabel('输出波形');
hold on; grid on;
figure(3);
for k = 10:floor(length(st)/Samp_rate) - 10
    ss = st(k * Samp_rate + 1:(k + Eye_num) * Samp_rate);
    plot(ss);
    hold on; grid on;
end
    title('基带信号眼图,有码间串扰');
    axis([0 40 -2 2.5]);
```

七、实验波形

实验波形如图 2-13-5 至 2-13-10 所示。

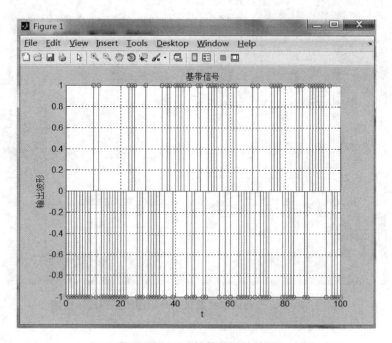

图 2-13-5　基带信号的波形

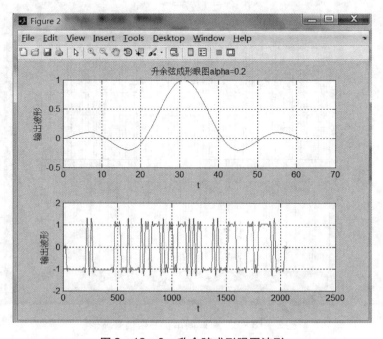

图 2-13-6　升余弦成形眼图波形

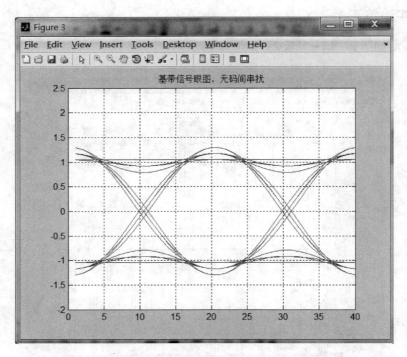

图2-13-7 无码间串扰基带信号眼图眼图形成示意图

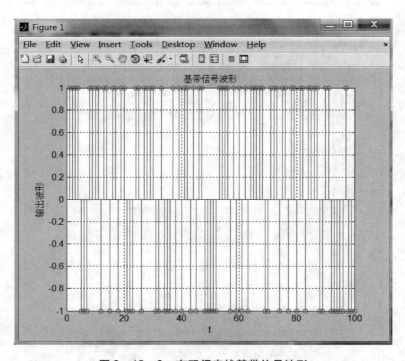

图2-13-8 有码间串扰基带信号波形

第二部分 通信原理 MATLAB 实验

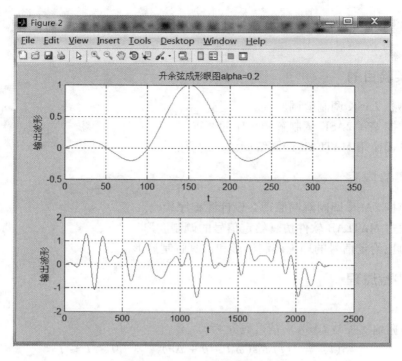

图 2-13-9 升余弦成形眼图

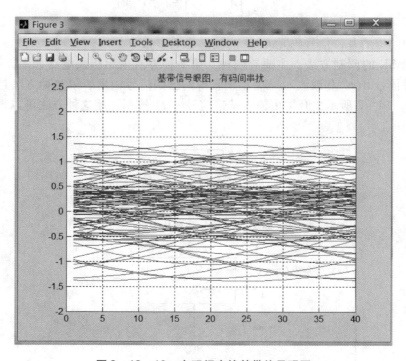

图 2-13-10 有码间串扰基带信号眼图

实验十四 基于 MATLAB 的 2ASK 调制解调仿真

一、实验目的

(1) 熟悉 2ASK 调制解调原理。
(2) 掌握编写 2ASK 调制解调程序的要点。
(3) 掌握使用 MATLAB 调制解调仿真的要点。

二、实验内容

(1) 根据 2ASK 调制解调原理,设计源程序代码。
(2) 通过 MATLAB 软件仿真给定信号的调制波形。
(3) 对比给定信号的理论调制波形和仿真解制波形。

三、实验原理

1. 2ASK

二进制振幅键控 (2ASK) 信号码元为:

$$S(t) = A(t)\cos(\omega_0 t + \theta + \Delta\theta) \qquad 0 < t \leq T \qquad (14-1)$$

式中,$\omega_0 = 2\pi f_0$ 为载波的角频率; $A(t)$ 是随基带调制信号变化的时变振幅,即

$$A(t) = \begin{cases} A & \text{当发送"1"时} \\ 0 & \text{当发送"0"时} \end{cases} \qquad (14-2)$$

在式中给出的基带信号码元 $A(t)$ 的波形是矩形脉冲。

产生 2ASK 的调制方法,主要有两种。第一种方法采用相乘电路如图 2-14-1 所示,用基带信号 $A(t)$ 和载波 $\cos\omega_0 t$ 相乘就得到已调信号输出。第二种方法是采用开关电路如图 2-14-2 所示,开关由输入基带信号 $A(t)$ 控制,用这种方法可以得到同样的输出波形。

图 2-14-1 相乘法原理

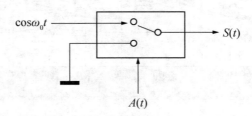

图 2-14-2 开关法原理

2ASK 信号有两种基本的解调方法：非相干解调（包络检波法）和相干解调（同步检测法），相应的接收系统如图 2-14-3 和图 2-14-4 所示。

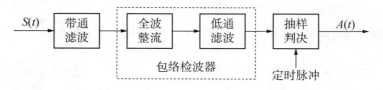

图 2-14-3　包络检波法（非相干解调）

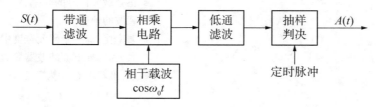

图 2-14-4　相干解调原理

抽样判决器的作用是：信号经过抽样判决器，即可确定接收码元是"1"还是"0"。假设抽样判决门限为 b，当信号抽样值大于 b 时，判为"1"码；信号抽样值小于 b 时，判为"0"码。由于本实验为简化设计电路，在调制的输出端没有加带通滤波器，并且假设信道是理想的，所以在解调部分也没有加带通滤波器。

四、程序设计

(1) 首先给定一组输入信号序列，如 m = [1 1 1 0 0 0 1 0 1 1 0 1]。

(2) 根据 2ASK 调制原理，需要对输入信号序列中的每个元素进行判断，假设判断元素为"1"，则在一个周期内，2ASK 图像中对应一个正弦波，假设判断元素为"0"，则在一个周期内，2ASK 图像中对应零输出，假设判断元素非上述两者，则在图中均无图像输出。

(3) 在 MATLAB 中进行操作时，首先要画出输入信号序列的图像，然后再画 2ASK 的图像。对输入信号序列元素进行判断时，先要运用 length 函数得出序列的长度，然后运用循环语句和判断语句对序列每个元素逐一判断，对应不同元素画出相应图像。

(4) 根据 2ASK 的相干解调法，画出解调信号的波形。

五、设计流程

(1) 输入信号序列，并通过 length 函数得到序列长度。

(2) 通过循环语句，对序列元素进行判断。符合判断条件的，对应 2ASK 得出输出函数，画出图像。然后返回判断条件，进入下一元素和周期当中，重复上述判断步骤，画出图像。

(3) 根据相干解调法，调制信号先经过带通滤波器，再和余弦信号相乘，再经过低通滤波器，最后进行抽样判决，画出解调后的波形，与原始信号波形进行比较。

六、源程序代码

源代码：

```
% 2ASK 的调制和解调
clear;
m = [1 1 1 0 0 0 1 0 1 1 0 1];
Lm = length(m);
F = 200;                                    % 数字信号的带宽
f = 800;                                    % 正弦载波信号的频率
A = 1;                                      % 载波的幅度
Q = f/F;                                    % 频率比,即一个码元宽度中的正弦周期个
                                            % 数,为适配下面滤波器参数选
                                            % 取,推荐将 Q 设为
if Q > = 3
M = 500;                                    % 一个正弦周期内的采样点数
t = (0:M-1)/M/f;                            % 一个正弦信号周期内的时间
carry1 = repmat(A*sin(2*pi*f*t),1,Q);       % 一个码元宽度内的正弦载波信号
Lcarry1 = length(carry1);                   % 一个码元宽度内的信号长度
carry2 = kron(ones(size(m)),carry1);        % 载波信号
ask = kron(m,carry1);                       % 调制后的信号
N = length(ask);                            % 长度
tau = (0:N-1)/(M-1)/f;                      % 时间
Tmin = min(tau);                            % 最小时刻
Tmax = max(tau);                            % 最大时刻
T = ones(size(carry1));                     % 一个数字信号'1'
dsig = kron(m,T);                           % 数字信号波形
figure
subplot(3,1,1);                             % 子图分割
plot(tau,dsig);                             % 画出数字信号的波形图
title('数字信号')
axis([Tmin Tmax -0.2 1.2])                  % 设置坐标范围
subplot(3,1,2);                             % 子图分割
plot(tau,carry2);                           % 画出载波波形
title('载波波形')
axis([Tmin Tmax -1.2*A 1.2*A])              % 设置坐标范围
subplot(3,1,3);                             % 子图分割
plot(tau,ask);                              % 画出调制后的波形
title('经过 2ASK 调制后的波形')
grid on % 添加网格
axis([Tmin Tmax -1.2*A 1.2*A])              % 设置坐标范围
sig_mul = ask.*carry2;                      % 已调信号与载波信号相乘
```

```matlab
figure
subplot(4,1,1);                                  % 子图分割
plot(tau,sig_mul);                               % 画出信号相乘后的波形
title('信号相乘后的波形')

axis([Tmin Tmax -0.2 1.2])
[Ord,omega_c]=buttord(4*pi*f*0.6,4*pi*f*0.8,2,30,'s');
                                                 % 获得 Butterworth 模拟低通原型滤波
                                                 % 器的阶数及 3 dB 截止频率
[num,den]=butter(Ord,omega_c,'s');               % 由原型滤波器向实际滤波器转换,获得滤
                                                 % 波器的分子,分母系数
h=tf(num,den);                                   % 获得滤波器传递函数 % 滤波
x=lsim(h,sig_mul,tau);                           % 运用模拟滤波器对信号进行滤波
subplot(4,1,2);                                  % 子图分割
plot(tau,x);                                     % 画出滤波后的滤形
title('滤波后的波形')

axis([Tmin Tmax -0.3 0.8]);                      % 设置坐标范围
th=0.25;                                         % 抽样判决的阈值设置
t_judge=(0:Lm-1)*Lcarry1+Lcarry1/2;              % 抽样判决点的选取
y=(x(t_judge))';                                 % 抽样判决时刻时的信号值
y_judge=1*(y>=th)+0*(y<=th);                     % 抽样判决信号值的 0 阶保持
y_value=kron(y_judge,ones(size(carry1)));        % 抽样判决后的数字信号波形
n_tau=tau+0.5/F;                                 % 抽样判决后的信号对应的时间
subplot(4,1,3);                                  % 子图分割
plot(n_tau,y_value);                             % 画出抽样判决后的数字信号波形
title('抽样判决后的数字信号波形')
axis([min(n_tau)max(n_tau) -0.2 1.2])            % 设置坐标范围

subplot(4,1,4);                                  % 子图分割
plot(tau,dsig);                                  % 画出原始信号波形与解调后的信号作对比
title('原始信号波形与 2ASK 解调后的信号作对比')
axis([Tmin Tmax -0.2 1.2])                       % 设置坐标范围
end
```

七、实验波形

实验波形如图 2-14-5、图 2-14-6 所示。

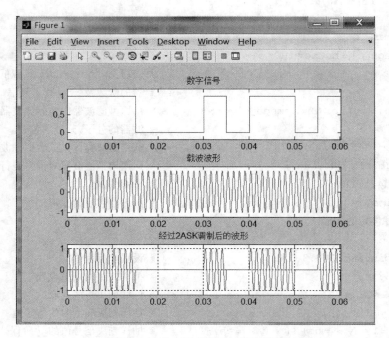

图 2-14-5　2ASK 调制仿真波形

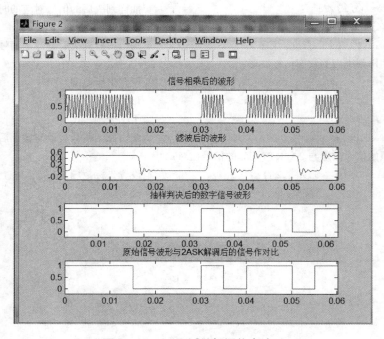

图 2-14-6　2ASK 解调仿真波形

实验十五 基于 MATLAB 的 2FSK 调制解调仿真

一、实验目的

（1）熟悉 2FSK 调制解调原理。
（2）掌握编写 2FSK 调制解调程序的要点。
（3）掌握使用 MATLAB 调制解调仿真的要点。

二、实验内容

（1）根据 2FSK 调制解调原理，设计源程序代码。
（2）通过 MATLAB 软件仿真给定信号的调制波形。
（3）对比给定信号的理论调制波形和仿真解调波形。

三、实验原理

1. 2FSK 调制原理

二进制频移键控（2FSK）信号码元的"1"和"0"分别用两个不同频率的正弦波形来传送，而其振幅和初始相位不变。故其表达式为：

$$S(t) = \begin{cases} A\cos(w_1 t + \Phi_1) & \text{发送"1"时} \\ A\cos(w_2 t + \Phi_2) & \text{发送"0"时} \end{cases} \tag{15-1}$$

式中，假设码元的初始相位分别为 Φ_1 和 Φ_2；$w_1 = 2\pi f_1$ 和 $w_2 = 2\pi f_2$ 为两个不同频率码元的角频率；A 为一常数，表明码元的包络是矩形脉冲。

2FSK 信号的调制方法主要有两种：一种是用二进制基带矩形脉冲信号去调制一个调频器，使其能够输出两个不同频率的码元；另一种是用一个受基带脉冲控制的开关电路去选择两个独立频率源的振荡作为输出。

2. 2FSK 解调原理

2FSK 信号的解调分为相干和非相干解调两类。解调原理都是将 2FSK 信号分解为上下两路 2ASK 信号分别进行解调，然后进行判决。

相干解调是根据已调信号由两个载波 f_1、f_2 调制而成，先用两个分别对 f_1、f_2 带通的滤波器对已调信号进行滤波，分别将滤波后的信号与相应的载波 f_1、f_2 相乘进行相干解调，再分别进行低通滤波，最后用抽样信号进行抽样判决即可。原理图如图 2-15-1 所示。

非相干解调是将调制后的 2FSK 数字信号先通过两个不同频率的带通滤波器 f_1、f_2 进行滤波，再将经过滤波的信号分别通过包络检波器检波，再将两种信号同时输入到抽样判决器进行抽样判决，并同时外加抽样脉冲，最后解调出原始输入信号。其原理图如图 2-15-2 所示。

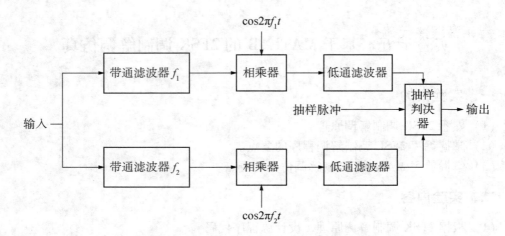

图 2-15-1 二进制移频键控相干解调原理

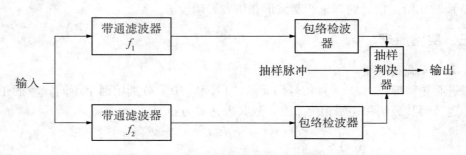

图 2-15-2 二进制移频键控非相干解调原理

四、程序设计

（1）首先给定一组输入信号序列，也可利用 rand 随机产生一组元素为 10 的数字序列。

（2）根据 2FSK 的调制原理，需要对输入信号序列中的每个元素进行判断，假设判断元素为"1"，则在一个周期内，2FSK 图像中也对应一个正弦波；假设判断元素为"0"，则在一个周期内，2FSK 图像中对应两个正弦波；假设判断元素非上述两者，则在图中均无图像输出。

（3）利用相干解调法，将已经调制信号，在信道引入噪声，画出 2FSK 解调后的信号。

五、设计流程

（1）利用 rand 随机产生一组元素为 10 的数字序列。

（2）根据 2FSK 的调制原理，画出调制信号

（3）根据相干解调法，将已经调制信号，在信道引入噪声，先经过带通滤波器 f_1，和余弦信号相乘，再经过低通滤波器，得到信号 st_1；同时，也将已经调制信号，在信道引入噪声，先经过带通滤波器 f_2，和相同的余弦信号相乘，再经过低通滤波器，得到 st_2，最后将信号 st_1 和 st_2 同时送入抽样判决器，进行抽样判决，画出解调后的波形，与原始信号波形进行比较。

六、源程序代码

源代码：

```matlab
% 2FSK 调制和解调
fs = 2000;                              % 采样频率
dt = 1/fs; f1 = 5;  f2 = 150;           % 两个信号的频率
a = round(rand(1,10));                  % 产生原始数字随机信号
g1 = a;   g2 = ~a;                      % 将原始数字信号反转与 g1 反向
g11 = (ones(1,2000))' * g1;             % 进行抽样
g1a = g11(:)';                          % 将数字序列变成列向量
g21 = (ones(1,2000))' * g2;
g2a = g21(:)';
t = 0: dt: 10 - dt;
t1 = length(t);
fsk1 = g1a.* cos(2 * pi * f1.* t);      % 得到频率为 f1 的 fsk1 已调信号
fsk2 = g2a.* cos(2 * pi * f2.* t);      % 得到频率为 f2 的 fsk2 已调信号
fsk = fsk1 + fsk2;                      % 已产生 2FSK 信号
figure(1)
no = 0.01 * randn(1,t1);                % 产生的随机噪声
sn = fsk + no;
subplot(3,1,1);
plot(t, no)                             % 随机噪声的波形
title('噪声波形')
ylabel('幅度'); subplot(3,1,2)
plot(t, fsk)                            %2FSK 信号的波形
title('2fsk 信号波形')
ylabel('幅度'); subplot(3,1,3)
plot(t, sn)
title('经过信道后的 2fsk 波形')
ylabel('幅度的大小'); xlabel('t');
figure(2)         % fsk 的解调
b1 = fir1(101,[3/1000 8/1000]);
b2 = fir1(101,[145/1000 155/1000]);     % 设置带通滤波器的参数
H1 = filter(b1,1,sn);
H2 = filter(b2,1,sn);                   % 经过带通滤波器后的信号
subplot(2,1,1);   plot(t, H1)           % 经过带通滤波器 1 的波形
title('经过带通滤波器 f1 后的波形');
ylabel('幅度');
subplot(2,1,2)
plot(t, H2)                             % 经过带通滤波器 2 的波形
title('经过带通滤波器 f2 后的波形')
ylabel('幅度'); xlabel('t');
```

```matlab
sw1 = H1.*H1;                               %经过相乘器1的信号
sw2 = H2.*H2;                               %经过相乘器2的信号
figure(3)
subplot(2,1,1)
plot(t,sw1)
title('经过相乘器h1后的波形')
ylabel('幅度');
subplot(2,1,2)
plot(t,sw2)
title('经过相乘器h2后的波形')
ylabel('幅度');
xlabel('t');
bn = fir1(101,[1/1000 8/1000]);             %设置低通滤波器的参数
figure(4)
st1 = filter(bn,1,sw1);
st2 = filter(bn,1,sw2);
subplot(2,1,1)
plot(t,st1)                                 %经过低通滤波器1的波形
title('经过低通滤波器sw1后的波形')
ylabel('幅度');
subplot(2,1,2)
plot(t,st2)                                 %经过低通滤波器2的波形
title('经过低通滤波器sw2后的波形')
ylabel('幅度');
st = zeros(1,t);
for i = 1:length(t)
if(st1(i) >= st2(i))
    st(i) = 1;
else
    st(i) = 0;
end
end
figure(5)
subplot(2,1,1);
plot(t,st);                                 %经过抽样判决器后解调出的波形
title('经过抽样判决器后解调出的波形')
ylabel('幅度');
subplot(2,1,2);
plot(t,g1a);                                %原始的数字序列波形
title('原始数字序列的波形')
ylabel('幅度');
xlabel('t');
```

七、实验波形

实验波形如图 2-15-3 至图 2-15-7 所示。

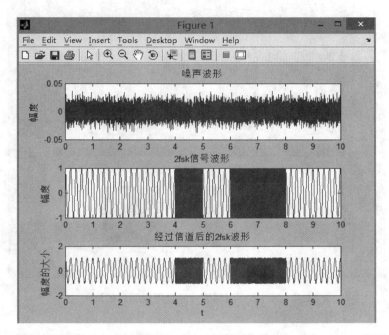

图 2-15-3　2FSK 调制仿真波形

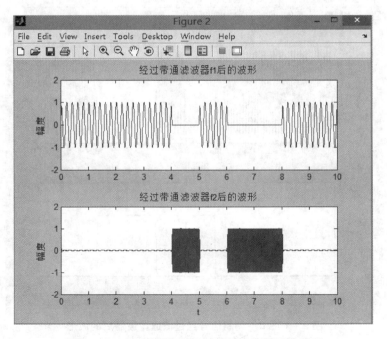

图 2-15-4　调制信号经过带通滤波器后的波形

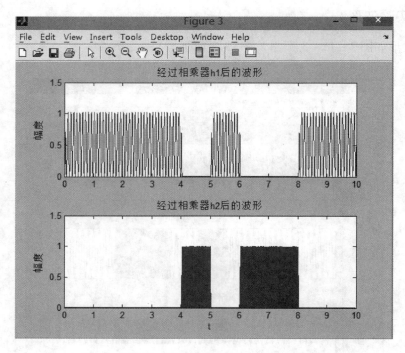

图 2-15-5 调制信号经过相乘器后的波形

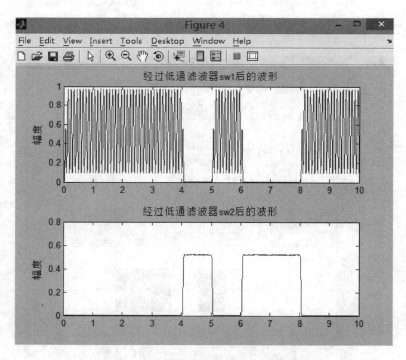

图 2-15-6 调制信号经过低通滤波器后的波形

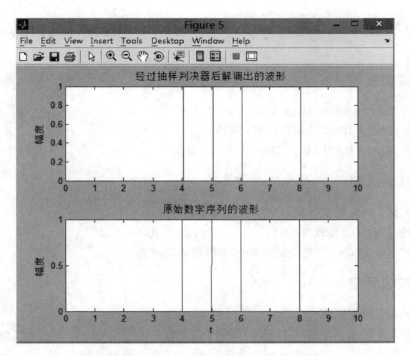

图 2-15-7 2FSK 解调恢复出的原始波形

实验十六 基于 MATLAB 的 2PSK 调制解调仿真

一、实验目的

（1）熟悉 2PSK 调制解调原理。
（2）掌握编写 2PSK 调制解调程序的要点。
（3）掌握使用 MATLAB 调制解调仿真的要点。

二、实验内容

（1）根据 2PSK 调制解调原理，设计源程序代码。
（2）通过 MATLAB 软件仿真给定信号的调制波形。
（3）对比给定信号的理论调制波形和仿真解调波形。

三、实验原理

1. 2PSK 的调制原理

所谓的二进制相移键控（2PSK）信号，是指在二进制调制中，正弦载波的相位随着二进制数字基带信号离散变化而产生的信号。已调信号载波可以用"0"和"π"或者"+π/2"和"−π/2"来表示二进制基带信号的"0"和"1"。

2PSK 信号的时域表达式为：

$$e_{2PSK} = A\cos(\omega_c t + \varphi_n) \quad (16-1)$$

式中，φ_n 表示第 n 个符号的绝对相位：

$$\varphi_n = \begin{cases} 0 & \text{发送"0"时} \\ \pi & \text{发送"1"时} \end{cases} \quad (16-2)$$

即，2PSK 表达式也可以为：

$$e_{2PSK}(t) = \begin{cases} A\cos\omega_c t & \text{发送"0"时} \\ -A\cos\omega_c t & \text{发送"1"时} \end{cases} \quad (16-3)$$

即发送二进制符号"0"时（取 +1），取 0 相位；发送二进制符号"1"时（取 −1），取 π 相位。所以，这种以载波的不同相位直接去表示相应二进制数字信号的调制方式称为二进制绝对相移方式。

由于表示信号的两种码元的波形相同，极性相反，故 2PSK 信号一般可以表述为一个双极性全占空矩形脉冲序列与一个正弦载波的相乘。

由于 2PSK 信号是双极性不归零码的双边带调制，所以如果数字基带信号不是双极性不归零码时，则要先转成双极性不归零码，然后再进行调制。调制方法有模拟法和相位键控选择法。2PSK 调制原理图如图 2−16−1 和图 2−16−2 所示。模拟法是源信号如果不是双极性不归零，则转成双极性不归零码后与本地载波相乘即可调制成 2PSK 信号。相位键控选择法则是通过电子开关来实现的，当双极性不归零码通过电子开关时，遇低电平就以 180 度相移的本地载波相乘输出；遇高电平，电子开关则连通没相移的本地载波，然后输出。

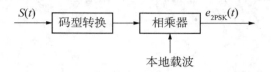

图 2–16–1　2PSK 信号的模拟调制原理

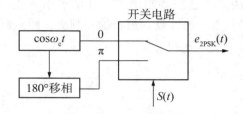

图 2–16–2　2PSK 信号的相位键控调制原理

2. 2PSK 的解调原理

2PSK 信号的解调通常采用相干解调法，解调器原理框图如图 2–16–3 所示。在相干解调中，如何得到与接收的 2PSK 信号同频同相的相干载波是个关键问题。至于解调的方式，因为双极性不归零码在"1"和"0"等概率时没有直流分量，所以 2PSK 信号的功率谱密度是无载波分量，必须用相干解调的方式。

相干解调过程中需要用到与接收的 2PSK 信号同频同相的相干载波相乘，然后通过低通滤波器，再进行抽样判决恢复数据。当恢复相干载波产生 180 度倒相时，解调出的数字基带信号将与发送的数字基带信号正好相反，解调器输出数字基带信号全部出错。这种现象通常称为"倒 π"现象。因而 2PSK 信号的相干解调存在随机的"倒 π"现象，使得 2PSK 方式在实际中很少采用。

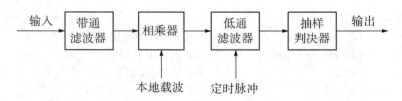

图 2–16–3　2PSK 信号的解调原理

四、程序设计

（1）首先给定一组输入信号序列，也可利用 rand 随机产生一组元素为 10 的数字序列。

（2）根据 2PSK 的调制原理，先产生 2 个信号，码元为 0 时，初始相位用为 0，记为 f_1；同理，码元为 1 时，初始相位用为 π，记为 f_2。将 f_1 和 f_2 相加得到经过 2PSK 调制后的信号，用 MATLAB 画出调制后的波形。

（3）利用相干解调法，将已经调制信号，在信道引入噪声，画出 2PSK 解调后的信号。

五、设计流程

（1）利用 rand 随机产生一组元素为 10 的数字序列。

（2）根据 2PSK 的调制原理，画出调制信号。

（3）根据相干解调法，将已经调制信号，在信道引入噪声，先经过带通滤波器，再和余弦信号相乘，再经过低通滤波器，进行抽样判决，画出解调后的波形，与原始信号波形进行比较。

六、源程序代码

源代码：

```
% 2PSK 调制解调源代码
clear all
close all
fs = 2000;                          % 采样频率
dt = 1/2000;                        % 采样时间
T = 1;                              % 码元宽度
f = 20;                             % 信号频率
a = round(rand(1,10));              % 原始数字信号
g1 = a;  g2 = ~a;                   % 取 a 的反码
g11 = (ones(1,2000))' * g1;         % 进行抽样
g1a = g11(:)';
g21 = (ones(1,2000))' * g2;
g2a = g21(:)';
t = 0: dt: 10 - dt;
t1 = length(t);
psk1 = g1a. * cos(2 * pi * f * t);           % 码元 0 用 0 相位
psk2 = g2a. * cos(2 * pi * f * t + pi);      % 码元 1 用 π 相位
sig_psk = psk1 + psk2;              % 产生 2PSK 信号
no = 0.01 * randn(1,t1);            % 产生噪声
sn = sig_psk + no;                  % 经过信道后的信号
figure(1)
subplot(3,1,1);
plot(t, no);
title('噪声波形');
ylabel('幅度');
subplot(3,1,2);
plot(t, sig_psk);
title('psk 信号波形');
```

```matlab
ylabel('幅度');
subplot(3,1,3);
plot(t,sn);
title('经过信道后的信号');
ylabel('幅度');
bpf = fir1(101,[19/1000,21/1000]);        %带通滤波器设置
H = filter(bpf,1,sn);                      %经过带通滤波后的信号
sw = H.*cos(2*pi*f*t);                     %经过乘法器
lpf = fir1(101,[1/1000,10/1000]);          %低通滤波器设置
st = filter(lpf,1,sw);                     %经过低通滤波器后的信号
figure(2)
subplot(2,1,1);
plot(t,sw);
title('乘法器输出信号');
ylabel('幅度');
subplot(2,1,2);
plot(t,st);
title('低通滤波后输出信号');
ylabel('幅度');                             %抽样判决
sig = zeros(1:t);
for i = 1:length(t)
    if(st(i) > 0)
        sig(i) = 0;
    else
        sig(i) = 1;
    end
end
figure(3)
subplot(2,1,1);
plot(sig);
axis([0 20000 0 2]);
title('经过抽样判决后解调出的波形');
ylabel('幅度');
subplot(2,1,2);
plot(g1a);
axis([0 20000 0 2]);
title('原始信号');
ylabel('幅度');
```

七、实验波形

实验波形如图 2-16-4 至图 2-16-6 所示。

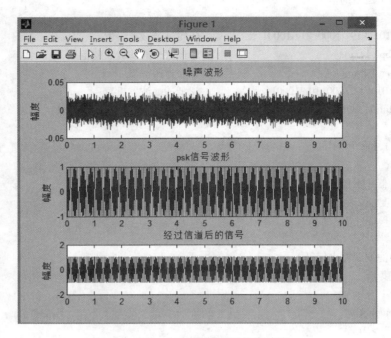

图 2-16-4　2PSK 调制仿真波形

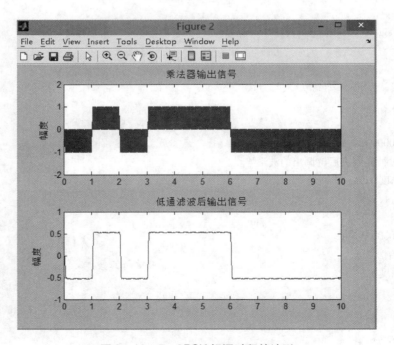

图 2-16-5　2PSK 解调过程的波形

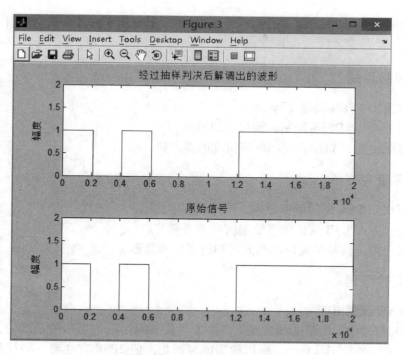

图 2 – 16 – 6　2PSK 解调恢复出的原始信号波形

实验十七　基于 MATLAB 的 2DPSK 调制解调仿真

一、实验目的

（1）熟悉 2DPSK 调制解调原理。
（2）掌握编写 2DPSK 调制解调程序的要点。
（3）掌握使用 MATLAB 调制解调仿真的要点。

二、实验内容

（1）根据 2DPSK 调制解调原理，设计源程序代码。
（2）通过 MATLAB 软件仿真给定信号的调制波形。
（3）对比给定信号的理论调制波形和仿真解调波形。

三、实验原理

1. 2DPSK 调制原理

在 2PSK 信号中，信号的相位变化是由未调载波的相位作为参考基准的，是利用载波的绝对相位传送数字信息的，所以称为绝对调相。但 2PSK 存在着一种缺陷，就是在相干载波恢复中载波相位存在载波相位 180 度相位模糊，以至于解调出的二进制基带信号出现反向现象，在实际应用中很难实现。为了解决 2PSK 这个问题，提出了二进制差分相移键控（2DPSK）。2DPSK 是在 2PSK 的基础上做出的改进。虽然 2DPSK 能够解决 2PSK 的载波相位模糊问题，是一种实用的数字调相系统，但其抗噪声性能却不如 2PSK。

2DPSK 是利用相邻码元载波相位的相对值表示基带信号"0"和"1"的。现在用 θ 表示载波的初始相位。设 $\Delta\theta$ 为当前码元和前一码元的相位之差，

$$\Delta\theta = \pi \quad 当发送"1"时$$
$$\Delta\theta = 0 \quad 当发送"0"时 \quad\quad (17-1)$$

则信号码元可以表示为：

$$s(t) = \cos(\omega_0 t + \theta + \Delta\theta) \quad 0 < t \leq T \quad (17-2)$$

式中，$\omega_0 = 2\pi f_0$；

f_0——载波的角频率；

θ——前码元的相位。

基带信号	1 0 0 0 1 1 0 0 　 1 0 0 0 1 1 0 0
$\Delta\theta$	π 0 0 0 π π 0 0 　 π 0 0 0 π π 0 0
初始相位 θ	0 　　　　　　　　　π
2DPSK 码元相位($\theta + \Delta\theta$)	π π π π 0 π π π 　 0 0 0 0 π π 0 0 0

2DPSK 是利用前后码元的载波相位相对变化来传输数字信息的，称为相对调相。即对数字基带信号进行差分编码，把绝对码转换成相对码（差分码）。

编码规则如下

$$b_n = a_n \oplus b_{n-1} \qquad (17-3)$$

式中，$\oplus$ 是模 2 加，也是异或。b_{n-1} 是 b_n 的前一个码元，最初的 b_{n-1} 可以任意设定。

2DPSK 信号的实现步骤如下：首先要对数字基带信号进行差分编码，把绝对码转换成相对码来表示二进制信号，然后再进行绝对调相，如图 2-17-1 所示。

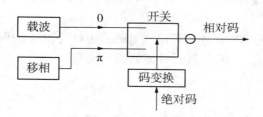

图 2-17-1　2DPSK 信号调制器原理

2. 2DPSK 解调原理

在 2DPSK 的解调方法中，我们可以采用相干解调方式，也叫作极性比较法。其解调原理图如图 2-17-2 所示。

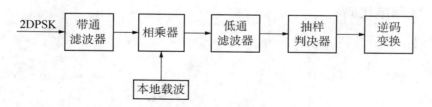

图 2-17-2　2DPSK 相干解调器原理

它的解调原理过程：首先将已在信道中传输的 2DPSK 信号进入带通滤波器，滤掉滤波器频带以外的噪声；然后与 2DPSK 载波同频同相的本地载波相乘；再通过低通滤波器，滤除高频分量；之后通过抽样判决，恢复出相对码；最后通过码反变换器把相对码转换成绝对码。如图 2-17-3 所示。

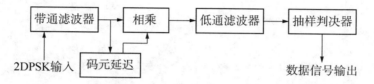

图 2-17-3　2DPSK 差分相干解调器原理

另外，2DPSK 还可以采用差分相干解调方式，即相位比较法。解调原理过程如图 2-17-3 所示。其原理过程与相干解调不同的是解调过程不需要相干载波，也不需要码反变换这一过程。当 2DPSK 信号通过带通滤波器后，通过延时器，延时一个码元的时间间隔，再与 2DPSK 信号本身相乘，实现前后码元相位差的直接比较。再通过低通滤波器和抽样判决，从而恢复出绝对码。由于过程不需要专门的相干载波，所以是一种非相干解调方法。虽然差分相干解调不需要相干载波而且在性能上优越于采用相干解调的绝对调相，但是抗噪声能力比较差。

四、程序设计

（1）首先给定一组输入信号序列，也可以利用 rand 随机产生一组元素为 10 的数字序列。
（2）根据 2DPSK 的调制原理，画出绝对码、相对码和相对码的反码波形。
（3）利用相干解调法，画出 2DPSK 解调后的信号。

五、设计流程

（1）利用 rand 随机产生一组元素为 10 的数字序列。
（2）根据 2DPSK 的调制原理，画出调制信号。
（3）根据相干解调法，调制信号经过带通滤波器，再和余弦信号相乘，再经过低通滤波器，进行抽样判决，之后经过码反变换器，最终可画出解调后的波形，与原始信号波形进行比较。

六、源程序代码

源代码：
```
clear all
close all
i = 10;                               % 码元的个数
j = 5000;
fc = 4;
fm = i/5;
B = 2 * fm;
t = linspace(0,5,j);                  % 将 0-5 区间平均分为 j 份
%%%%%%%%%%%%%% 产生基带信号 %%%%%%%%%%%%%%%%%
a = round(rand(1,i));                 % 产生 10 个随机码,记为 a
st1 = t;
for n = 1:10
    if a(n) < 1;
        for m = j/i * (n-1) + 1:j/i * n    % j/i 为每个码元的
            st1(m) = 0;
        end
    else
        for m = j/i * (n-1) + 1:j/i * n
            st1(m) = 1;
```

```
            end
        end
end
figure(1);
subplot(411);
plot(t,st1);
title('绝对码');
axis([0,5,-1,2]);
%%%%差分变换%%%%
b = zeros(1,i);
b(1) = a(1);
for n = 2:10
    if a(n) > = 1;
        if b(n-1) > = 1
            b(n) = 0;
        else
            b(n) = 1;
        end
    else
        b(n) = b(n-1);
    end
end
st1 = t;
for n = 1:10
    if b(n) < 1;
        for m = j/i * (n-1) + 1:j/i * n
            st1(m) = 0;
        end
    else
        for m = j/i * (n-1) + 1:j/i * n
            st1(m) = 1;
        end
    end
end
subplot(412);
plot(t,st1)
title('相对码');
axis([0,5,-1,2]);
st2 = t;
for k = 1:j;
    if st1(k) > = 1;
        st2(k) = 0;
```

```
        else
            st2(k) = 1;
        end
end
subplot(413)
plot(t,st2)
title('相对码的反码')
axis([0 5 -1 2])
% 载波信号
s1 = sin(2*pi*fc*t);
subplot(414);
plot(s1);
title('载波信号');
% 调制
d1 = st1.*s1;
d2 = st2.*(-s1);                    % 相移180
figure(2);
subplot(4,1,1);
plot(t,d1)
title('st1*s1');
subplot(4,1,2);
plot(t,d2)
title('st2*s2');
e_dpsk = d1 + d2;
subplot(4,1,3);
plot(t,e_dpsk)
title('调制后波形');
noise = rand(1,j);
dpsk = e_dpsk + 0.5*noise;           % 加入噪声
subplot(4,1,4);
plot(t,dpsk)
title('加噪声信号');
% 延迟单元
if dpsk(65) < 0
    dpsk_delay(1:j/i) = dpsk(1:j/i);
else
    dpsk_delay(1:j/i) = -dpsk(1:j/i);
end
    dpsk_delay(j/i+1:j) = dpsk(1:j-j/i);
% 与未延迟信号相乘
dpsk = dpsk.*dpsk_delay;
figure
```

```matlab
subplot(3,1,1)
plot(t,dpsk);
title('延迟相乘后波形');
% 低通滤波

[f,af] = F2T(t,dpsk);                    % 通过低通滤波器
[t,dpsk] = lpf(f,af,B);
subplot(3,1,2);
plot(t,dpsk);
title('通过低通滤波器波形');
% 抽样判决
st = zeros(1,i);
for m = 0:i-1;
if dpsk(1,m*500+250)<0
    st(m+1) = 0;
    for j = m*500+1:(m+1)*500;
        dpsk(1,j) = 1;
    end
else
        for j = m*500+1:(m+1)*500;
        st(m+1) = 1;
        dpsk(1,j) = 0;
        end
end
end
subplot(3,1,3);
plot(t,dpsk);
axis([0,5,-1,2]);
title('抽样判决后即解调后的波形')
```

子函数:
```matlab
% 傅里叶变换
function [t,st] = F2T (f,sf)        % f—离散的频率;sf—信号的频谱
df = f(2) - f(1);                   % 频率分辨率
Fmx = f(end) - f(1) + df ;          % 频率区间长度
dt = 1/Fmx ;                        % 已知频率区间长度时,求时间分辨率,由前面频率分
                                    % 辨率公式 Δf = df = 1/T,
                                    % T = dt*N,得到 Δf = df = 1/(dt*N),故 dt = 1/
                                    % (df*N) = 1/Fmx,即时间分辨率
N = length(sf);
T = dt*N;                           % 信号持续时间
t = 0:dt:T-dt;
```

```
                                sff = fftshift(sf);                          % 离散傅立叶反变换,是 T2F 的逆过程
                                st = Fmx * ifft(sff);                         % 把对称的频谱进行平移,平移后同 T2F 中的 sf
                                                                              % 由于 T2F 中求信号频谱在 DFT 基础上乘了一个因
                                                                              % 子 T/N,反变换求信号时要乘以其倒数即 N/T = 1/
                                                                              % dt,正好等于 Fmx.
end

% 低通滤波器
function [t,st] = lpf(f,sf,B)
df = f(2) - f(1); T = 1/df;
hf = zeros(1,length(f));
bf = [ - floor( B/df ) : floor( B/df )] + floor( length(f)/2 );
hf(bf) = 1;
yf = hf. * sf;
[t,st] = F2T(f,yf);
st = real(st)
end
```

七、实验波形

实验波形如图 2 – 17 – 4 至图 2 – 17 – 6 所示。

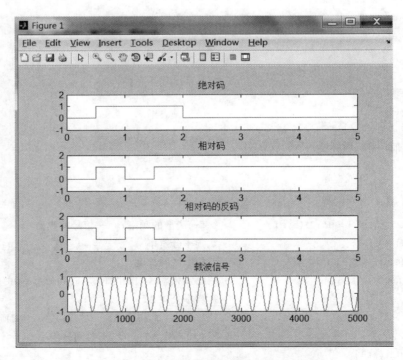

图 2 – 17 – 4　2DPSK 调制过程的信号波形

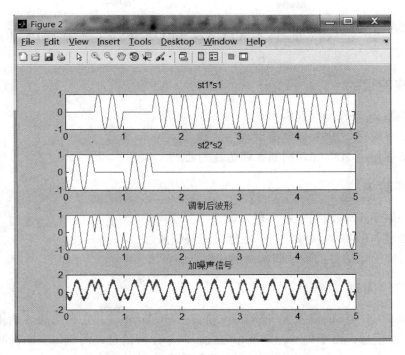

图 2-17-5 2DPSK 调制仿真波形

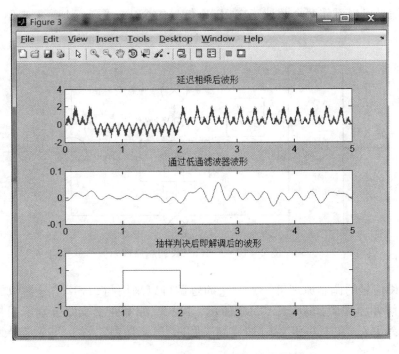

图 2-17-6 2DPSK 解调过程的仿真波形

实验十八 基于 MATLAB 的 QPSK 调制解调仿真

一、实验目的

（1）熟悉 2QPSK 调制解调原理。
（2）掌握编写 2QPSK 调制解调程序的要点。
（3）掌握使用 MATLAB 调制解调仿真的要点。

二、实验内容

（1）根据 2QPSK 调制解调原理，设计源程序代码。
（2）通过 MATLAB 软件仿真给定信号的调制波形。
（3）对比给定信号的理论调制波形和仿真解调波形。

三、实验原理

QPSK 即四进制移向键控（quaternary phase shift keying），它利用载波的 4 种不同相位来表示数字信息，由于每一种载波相位代表两个比特信息，因此每个四进制码元可以用两个二进制码元的组合来表示。两个二进制码元中的前一个码元用 a 表示，后一个码元用 b 表示。

QPSK 信号可以看作两个载波正交 2PSK 信号的合成，图 2-18-1 表示 QPSK 正交调制原理。

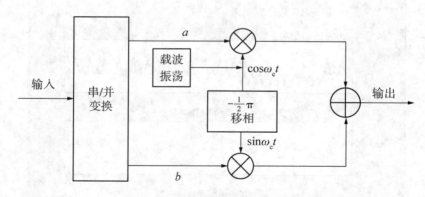

图 2-18-1 QPSK 调制原理

由 QPSK 信号的调制原理可知，对它的解调可以采用与 2PSK 信号类似的解调方法进行解调。解调原理图如图 2-18-2 所示，同相支路和正交支路分别采用相干解调方式解调，得到 $I(t)$ 和 $Q(t)$，经过抽样判决和并/串交换器，将上下支路得到的并行数据恢复成串行数据。

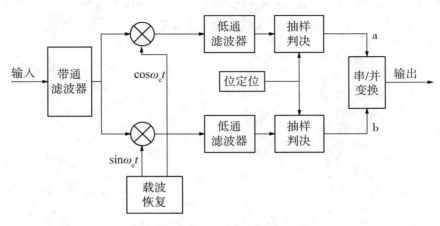

图 2-18-2 QPSK 解调原理

四、程序设计

（1）利用 QPSK 正交调制器，用调相法产生 QPSK 信号。
（2）画出 QPSK 信号的波形。
（3）利用相干解调法，画出 QPSK 解调后的信号。

五、设计流程

（1）首先，用调相法产生 QPSK 信号。
（2）使用 MATLAB 画出 QPSK 信号的波形。
（3）根据相干解调法，画出解调后的波形，与原始信号波形进行比较。

六、源程序代码

源代码：

```
% QPSK 调制
clear all
close all
input = [1,0,0,1,1,1,1,0,0,0];          % 输入基带码元信号序列 input 数组
subplot(3,1,1);
stem(input);                             % 画出信号序列 a 的离散图像
title('输入基带码元序列');
N = length(input);                       % 取 N 为输入信号序列的长度

input_odd = input(1:2:end);              % 取输入信号的奇数位元素组成
% 数组 input_odd
input_even = input(2:2:end);             % 取输入信号的偶数位元素组成
% 数组 input_even
```

```matlab
% 将信号码元用不归零双极性脉冲表示,即"1"对应"+1","0"对应"-1"
for i = 1:N/2
    if input_odd(i) == 0
        input_odd(i) = -1;
    end
    if input_even(i) == 0
        input_even(i) = -1;
    end
end

% 利用调相法产生 QPSK 信号
f1 = 1;
QPSK = [];
for i = 1:N/2                          % 对序列元素进行判断
    t = [i-1:0.01:i-0.01];             % 设置时间范围和间隔
    first = input_odd(i) * cos(2*pi*f1*t);
    second = input_even(i) * sin(2*pi*f1*t);
    QPSK_temp = sqrt(1/2).*first + sqrt(1/2).*second;
    QPSK = [QPSK QPSK_temp];
    subplot(3,1,2);
    plot(t,QPSK_temp);                 % 每次画一个波形
    title('经过 QPSK 调制后的序列');
    hold on;
end
% 将 QPSK 调制后的信号加高斯噪声
t1 = [0:0.01:N/2-0.01];
n0 = 0.1 * randn(size(t1));            % 产生高斯噪声
QPSK_n = QPSK + n0;                    % 叠加高斯噪声
subplot(3,1,3);
plot(t1,QPSK_n);
axis([0 N/2 -1 1]);
title('经过 QPSK 调制后加入噪声的序列');

% 解调可参考实验十五至实验十七
```

七、实验波形

实验波形如图 2 - 18 - 3 所示。

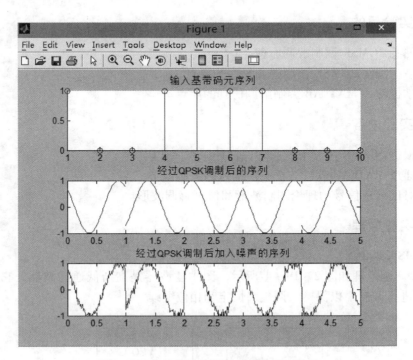

图 2 - 18 - 3　QPSK 调制过程的仿真波形

实验十九 基于 MATLAB 的 GMSK 调制解调仿真

一、实验目的

(1) 熟悉 2GMSK 调制解调原理。
(2) 掌握编写 2GMSK 调制解调程序的要点。
(3) 掌握使用 MATLAB 调制解调仿真的要点。

二、实验内容

(1) 根据 2GMSK 调制解调原理，设计源程序代码。
(2) 通过 MATLAB 软件仿真给定信号的调制波形。
(3) 对比给定信号的理论调制波形和仿真解调波形。

三、实验原理

1. GMSK 调制

GMSK 调制原理如图 2-19-1 所示，图中滤波器是高斯低通滤波器，它的输出直接对 VCO 进行调制，以保持已调包络恒定和相位继续。

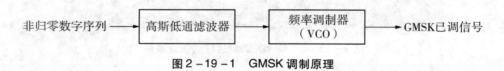

图 2-19-1 GMSK 调制原理

为了使输出频谱密集，图中的高斯低通滤波器应满足下列要求：
(1) 带宽窄，且具有锐截止特性，以抑制高频分量。
(2) 冲击响应过重量要小，以防止产生过大的瞬时频偏。
(3) 冲击响应曲线下的面积保持不变（对应于 π/2 相移），以使调频指数为 1/2。
前置滤波器以高斯型最能满足上述条件，这也是高斯滤波器最小移频键控（GMSK）的由来。

2. GMSK 解调

GMSK 就是基带信号经过高斯低通滤波器的 MSK，而 MSK 又是 FSK 的一种，因此，GMSK 检波也可以采用 FSK 检波器，即包络检波及同步检波[11]。而 GMSK 还可以采用时延检波，但每种检波器的误码率不同。GMSK 非相干解调原理图如图 2-19-2 所示，图中是采用 FM 鉴频器（斜率鉴频器或相位鉴频器）再加判别电路，实现 GMSK 数据的解调输出。

图 2-19-2 GMSK 解调原理

四、程序设计

(1) 首先定义基带信号的一些参量。
(2) 给定一组输入信号序列，$Ak = [0 0 1 0 1 0 1 0]$，并画出基带信号的波形。
(3) 根据 GMSK 调制解调原理，分别画出调制信号的波形和解调信号的波形。

五、设计流程

(1) 首先定义基带信号的一些参量。
(2) 给定一组输入信号序列，并进行码元扩展，并画出基带信号的波形。
(3) 根据 GMSK 调制解调原理，分别画出调制信号的波形和解调信号的波形。

六、源程序代码

源代码：

```
% GMSK 的调制和解调
% 绘制调制波形 00101010
clear all;
Ts = 1/16000;                       % 基带信号周期为 1/16000s,即为 16kHz
Tb = 1/32000;                       % 输入信号周期为 Ts/2 = 1/32000s,即 32kHz
BbTb = 0.5;                         % 取 BbTb 为 0.5,3dB 带宽
Bb = BbTb/Tb;
Fc = 32000;                         % 载波频率为 32kHz
F_sample = 64;                      % 每载波采样 64 个点
B_num = 8;                          % 基带信号为 8 个码元
B_sample = F_sample * Fc * Tb;      % 每基带码元采样点数 B_sample = Tb/Dt
Dt = 1/Fc/F_sample;                 % 采样间隔
t = 0:Dt:B_num * Tb - Dt;           % 仿真时间
T = Dt * length(t);                 % 仿真时间值
Ak = [0 0 1 0 1 0 1 0];             % 产生 8 个基带信号
Ak = 2 * Ak - 1;
gt = ones(1,B_sample);              % 每码元对应的载波信号
Akk = sigexpand(Ak,B_sample);       % 码元扩展
temp = conv(Akk,gt);                % 码元扩展
Akk = temp(1:length(Akk));          % 码元扩展
tt = -2.5 * Tb:Dt:2.5 * Tb - Dt;
% g(t) = Q[2 * pi * Bb * (t - Tb/2)/sqrt(log(2))] - Q[2 * pi * Bb * (t + Tb/2)/sqrt(log(2))];
```

% Q(t) = erfc(t/sqrt(2))/2;
gausst = erfc(2*pi*Bb*(tt-Tb/2)/sqrt(log(2))/sqrt(2))/2 - erfc(2*pi*Bb*(tt+Tb/2)/sqrt(log(2))/sqrt(2))/2;

```
J_g = zeros(1,length(gausst));        % 使 J_g 的长度和 Gausst 的一样
for i = 1:length(gausst)
    if i = =1
        J_g(i) = gausst(i)*Dt;
    else
        J_g(i) = J_g(i-1) + gausst(i)*Dt;
    end;
end;
J_g = J_g/2/Tb;
% 计算相位 Alpha
Alpha = zeros(1,length(Akk));
k = 1;
L = 0;
for j = 1:B_sample
    J_Alpha = Ak(k+2)*J_g(j);
    Alpha((k-1)*B_sample+j) = pi*J_Alpha+L*pi/2;
end
k = 2;
L = 0;
for j = 1:B_sample
    J_Alpha = Ak(k+2)*J_g(j) + Ak(k+1)*J_g(j+B_sample);
    Alpha((k-1)*B_sample+j) = pi*J_Alpha+L*pi/2;
end
k = 3;
L = 0;
for j = 1:B_sample
    J_Alpha = Ak(k+2)*J_g(j) + Ak(k+1)*J_g(j+B_sample) + Ak(k)*J_g(j+2*B_sample);
    Alpha((k-1)*B_sample+j) = pi*J_Alpha+L*pi/2;
end;
k = 4;
L = 0;
for j = 1:B_sample
J_Alpha = Ak(k+2)*J_g(j) + Ak(k+1)*J_g(j+B_sample) + Ak(k)*J_g(j+2*B_sample) + Ak(k-1)*J_g(j+3*B_sample);
    Alpha((k-1)*B_sample+j) = pi*J_Alpha+L*pi/2;
end;
```

```
L = 0;
for k = 5:B_num - 2
    if k = = 5
        L = 0;
    else
        L = L + Ak(k - 3);
    end;
    for j = 1:B_sample
J_Alpha = Ak(k + 2) * J_g(j) + Ak(k + 1) * J_g(j + B_sample) + Ak(k) * J_g(j + 2 * B_sample) + Ak(k - 1) * J_g(j + 3 * B_sample) + Ak(k - 2) * J_g(j + 4 * B_sample);
        Alpha((k - 1) * B_sample + j) = pi * J_Alpha + mod(L,4) * pi/2;
    end;
end;

% B_num - 1;
k = B_num - 1;
L = L + Ak(k - 3);
for j = 1:B_sample
J_Alpha = Ak(k + 1) * J_g(j + B_sample) + Ak(k) * J_g(j + 2 * B_sample) + Ak(k - 1) * J_g(j + 3 * B_sample) + Ak(k - 2) * J_g(j + 4 * B_sample);
    Alpha((k - 1) * B_sample + j) = pi * J_Alpha + mod(L,4) * pi/2;
end;
% B_num;
k = B_num;
L = L + Ak(k - 3);
for j = 1:B_sample
J_Alpha = Ak(k) * J_g(j + 2 * B_sample) + Ak(k - 1) * J_g(j + 3 * B_sample) + Ak(k - 2) * J_g(j + 4 * B_sample);
    Alpha((k - 1) * B_sample + j) = pi * J_Alpha + mod(L,4) * pi/2;
end;

S_Gmsk = cos(2 * pi * Fc * t + Alpha);
subplot(311)
plot(t/Tb,Akk);
axis([0 8 -1.5 1.5]);
title('基带波形');

subplot(312)
plot(t/Tb,Alpha * 2/pi);
axis([0 8 min(Alpha * 2/pi) - 1 max(Alpha * 2/pi) + 1]);
title('相位波形');
subplot(313)
```

```
plot(t/Tb,S_Gmsk);
axis([0 8 -1.5 1.5]);
title('GMSK 波形');
% GMSK 解调
for n = 1:512;
    if n < = B_sample
        Alpha1(n) = 0;
    else Alpha1(n) = Alpha(n - B_sample);
    end
end
a = [0 1 1 1 1 1 1 ]
ak = sigexpand(a,B_sample);                          % 码元扩展
temp = conv(ak,gt);                                  % 码元扩展
ak = temp(1:length(ak));
S_Gmsk1 = cos(2 * pi * Fc * (t - Tb) + Alpha1 + pi/2). * ak;  % 延迟 1bt,移相 pi/2
figure
subplot(311)
plot(t/Tb,S_Gmsk1);
axis([0 8 -1.5 1.5]);
title('延迟 1bt,移相 pi/2 GMSK 波形');
xt = S_Gmsk1. * S_Gmsk;
x = 0;
subplot(312)
plot(t/Tb,xt,t/Tb,x,'r:');
axis([0 8 -1.5 1.5]);
title('相乘后波形');
% 低通滤波
Fs = 10000;
rp = 3;rs = 50;
wp = 2 * pi * 50;ws = 2 * pi * 800;
[n,wn] = buttord(wp,ws,rp,rs,'s')
[z,p,k] = buttap(n);
[bp,ap] = zp2tf(z,p,k);
[bs,as] = lp2lp(bp,ap,wn);
[b,a] = bilinear(bs,as,Fs)
y = filter(b,a,xt);
subplot(313)
plot(t/Tb,y,t/Tb,x,'r:');
axis([0 8 -1.5 1.5]);
title('经过低通滤波器后波形');
for i = 1:8
    if y(i * B_sample) > 0
```

```
        bt(i) = 1
    else
        bt(i) = 0
    end
end
bt = 2 * bt - 1;
btt = sigexpand(bt,B_sample);     % 码元扩展
temp1 = conv(btt,gt);             % 码元扩展
btt = temp1(1:length(btt));       % 码元扩展
figure
subplot(311)
plot(bt)
title('抽样值');
axis([0 8 -1.5 1.5]);
subplot(312)
plot(t/Tb,Akk);
axis([0 8 -1.5 1.5]);
title('原基带波形');
subplot(313)
plot(t/Tb,btt);
axis([0 8 -1.5 1.5]);
title('解调后波形');
```

七、实验波形

实验波形如图 2-19-3 至图 2-19-5 所示。

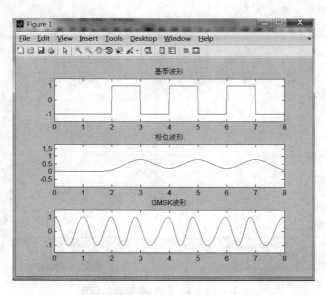

图 2-19-3 基带波形、相位波形和 GMSK 的波形

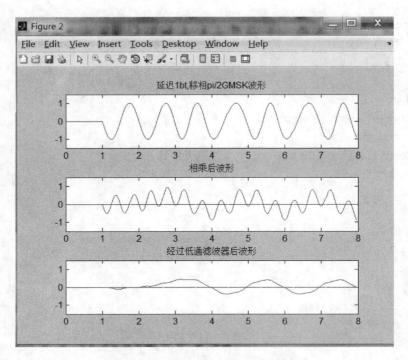

图 2-19-4 GMSK 调制的仿真波形

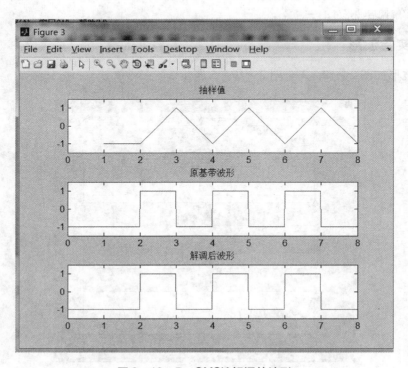

图 2-19-5 GMSK 解调的波形

实验二十　基于 MATLAB 的线性分组码的编码译码程序

一、实验目的

（1）熟悉线性分组码的编码译码原理。
（2）掌握编写线性分组码的编码译码程序的要点。
（3）掌握使用 MATLAB 仿真的要点。

二、实验内容

（1）完成对任意信息序列的编码。
（2）根据生成矩阵，形成监督矩阵。
（3）根据得到的监督矩阵，得到伴随式，并根据它进行译码。
（4）验证工作的正确性。

三、实验原理

1. 线性分组码的编码

分组码是一组固定长度的码组，可表示为 (n,k)，通常它用于前向纠错。在分组码中，监督位被加到信息位之后，形成新的码。在编码时，k 个信息位被编为 n 位码组长度，而 $n-k$ 个监督位的作用就是实现检错与纠错。当分组码的信息码元与监督码元之间的关系为线性关系时，这种分组码就称为线性分组码。

对于长度为 n 的二进制线性分组码，它有 2^n 种可能的码组，从 2^n 种码组中，可以选择 $M=2^k$ 个码组（$k<n$）组成一种码。这样，一个 k 比特信息的线性分组码可以映射到一个长度为 n 码组上，该码组是从 $M=2^k$ 个码组构成的码集中选出来的，这样剩下的码组就可以对这个分组码进行检错或纠错。

下面以 (6,3) 分组码为例，讨论线性分组码的编码原理。

设分组码 (n,k) 中，$k=3$，为能纠正一位误码，要求 $r \geq 3$。现取 $r=3$，则 $n=k+r=6$。该例子中，信息组为 $[c_5\ c_4\ c_3]$，码字为 $[c_5\ c_4\ c_3\ c_2\ c_1\ c_0]$。(6,3) 线性分组码有 8 个许用码字或合法码字，另有 $2^6 \sim 2^3$ 个禁用码字。发送方发送的是许用码字，若接收方收到的是禁用码字，则说明传输中发生了错误。

线性分组码的一个重要参数是码率 $R=k/n$，它说明在一个码字中信息位所占的比重，R 越大，说明信息位所占比重越大，码的传输信息的有效性越高。由于 (n,k) 线性分组码的 2^k 个码字组成了 n 维线性空间的一个 K 维子空间，因此，这 2^k 个码字完全可由 k 个线性无关的矢量所组成。

当已知信息组时，按以下规则得到 3 个校验元，即

$$\begin{cases} c_2 = c_5 + c_4 \\ c_1 = c_3 + c_4 \\ c_0 = c_5 + c_3 \end{cases} \quad (20-1)$$

这组方程称为校验方程。由此可以得到整个(6,3)线性分组码,如表2-20-1所示。

表2-20-1 (6,3)线性分组码

信 息 组	码 字
000	000000
001	001011
010	010110
011	011101
100	100101
101	101110
110	110011
111	111000

表2-20-1给出(6,3)线性分组码,可将其写成矩阵形式:

$$[c_5 c_4 c_3 c_2 c_1 c_0] = [c_5 c_4 c_3] \cdot \begin{bmatrix} 100101 \\ 010110 \\ 001011 \end{bmatrix} \quad (20-2)$$

因此,(6,3)码的生成矩阵为:

$$G = \begin{bmatrix} 100 & \vdots & 101 \\ 010 & \vdots & 110 \\ 001 & \vdots & 011 \end{bmatrix} \quad (20-3)$$

可以看到,从(6,3)码的8个码字中,挑选出 $k=3$ 个线性无关的码字(100101)、(010110)、(001011)作为码的一组基底,用 $c = m \cdot G$ 计算得码字。

一个系统码的生成矩阵 G,其左边 k 行 k 列应是一个 k 阶单位方阵 I_k,因此生成矩阵 G 表示为

$$G = [I_k Q] = \begin{bmatrix} 100 & \vdots & 101 \\ 010 & \vdots & 110 \\ 001 & \vdots & 011 \end{bmatrix} \quad (20-4)$$

式中,Q 是一个 $k \times (n-k)$ 阶矩阵。

2. 监督矩阵

(6,3)线性分组码的3个校验元,有

$$\begin{cases} c_2 = c_5 + c_4 \\ c_1 = c_3 + c_4 \\ c_0 = c_5 + c_3 \end{cases} \quad (20-5)$$

将上式改写为

$$\begin{cases} c_5 + c_4 + c_2 = 0 \\ c_4 + c_3 + c_1 = 0 \\ c_5 + c_3 + c_0 = 0 \end{cases} \quad (20-6)$$

上式的矩阵形式为

$$\begin{bmatrix} 1 & 1 & 0 & 1 & 0 & 0 \\ 0 & 1 & 1 & 0 & 1 & 0 \\ 1 & 0 & 1 & 0 & 0 & 1 \end{bmatrix} \cdot \begin{bmatrix} c_5 \\ c_4 \\ c_3 \\ c_2 \\ c_1 \\ c_0 \end{bmatrix} = \begin{bmatrix} 0 \\ 0 \\ 0 \end{bmatrix} \qquad (20-7)$$

这里的 3 行 6 列矩阵称为 (6,3) 码的监督矩阵,用 H 表示,即

$$H = \begin{bmatrix} 110 & \vdots & 100 \\ 011 & \vdots & 010 \\ 101 & \vdots & 001 \end{bmatrix} = \begin{bmatrix} PI_r \end{bmatrix} \qquad (20-8)$$

3. 伴随式与译码

(1) 码的距离及纠检错能力。

1) 码的距离。两个相同长度的码字之间,对应位取值不同的个数,称为汉明距离,用 d 表示。一个码的最小距离 $d_{\min}$ 定义为 $d_{\min} = \min\{d(c^i, c^j), i \neq j, c^i, c^j \in (n,k)\}$,两个码字之间的距离表示了它们之间差别的大小。距离越大,两个码字的差别越大,则传送时从一个码字错成另一码字的可能性越小。码的最小距离愈大,其抗干扰能力愈强。

2) 线性码的纠检错能力。对于任一个 (n,k) 线性分组码,若要在码字内检测出 e 个错误,则要求码的最小距离 $d \geq e+1$;纠正 t 个错误,则要求码的最小距离 $d \geq 2t+1$;纠正 t 个错误同时检测 $e(\geq t)$ 个错误,则要求 $d \geq t+e+1$。

(2) 伴随式与译码。

设接收端收到的码字为 B,它和发送端发送的码字 A 之间可能存在误差,即,在码组 $B = [b_{n-1} b_{n-2} \cdots b_1 b_0]$ 中的任意一位都有可能出错。

为了描述数据在传输信道中出现错误的情况,引入了错误图样 E,

$$B - A = E \,(\text{模}\, 2) \qquad (20-9)$$

$$E = [e_{n-1} e_{n-2} \cdots e_1 e_0] \qquad (20-10)$$

$$e_i = \begin{cases} 0, & \text{当}\, b_i = a_i \\ 1, & \text{当}\, b_i \neq a_i \end{cases} \qquad (20-11)$$

在错误图样中,0 代表对应位没有传错,1 代表传输错误。实际上错误图样 E 就是接收序列与发送序列的差。所以在译码中用接收到的码字 B 模 2 加错误图样 E 就可以得到发送端的正确码字 A。因此,译码的过程就是要找到错误图样 E。

定义校正子为 S,

$$S = B \cdot H^T = (A+E) \cdot H^T = A \cdot H^T + E \cdot H^T \qquad (20-12)$$

由于 $A \cdot H^T = 0$,所以

$$S = E \cdot H^T \qquad (20-13)$$

式中,S 称为校正子,它能用来指示错码的位置。S 和错码 E 之间有确定的线性变换关系,若 S 和 E 之间一一对应,则 S 将能代表错码的位置。找到了校正子 S,也就可以找到 E,而与发送的码字无关。若 $E=0$,则 $S=0$;若接收码字 B 中只有一位码元发生错

误,又设错误在第 i 位,即 $E_i=1$,其他的值均为 0。

在后面的译码程序中,建立一个校正子 S 与错误图样 E 的对应表。当接收到一个 B 序列,就通过计算得到一个校正子,而每一个校正子都对应着一个错误图样 E,再通过 B 模 2 加 E,就可以得到正确的码字 A。

因为在不同的错误序列 B 中,同一位码元错误所对应的 E 是一样的,所以可以利用 000000 这个正确的码字让它每位依次错误,求得它的 8 个校正子。而这时的矩阵 B 就是错误图样 E,这样就算得了 8 个校正子 S。此时,E 与 S 都求得,就可以建立校正子 S 与错误图样 E 的对应表。

(3) 编码过程。

监督矩阵 H 与生成矩阵 G 的关系:

由 H 与 G 的分块表示的矩阵形式 $H=[P\ I_{n-k}]$ 和 $G=[I_k\ Q]$,得 $P=Q^T$

则有

$$G \cdot H^T = 0 \quad \text{或} \quad H \cdot G^T = 0 \qquad (20-14)$$

有了生成矩阵,则可以根据输入的 3 位信息位和生成矩阵相乘得到编码矩阵,所用的 MATLAB 函数为:

$$c = \text{rem}(I*G,2); \qquad (20-15)$$

式中,c 为编码后的结果,I 为信息矩阵,G 为生成矩阵。

(4) 译码过程。

H 矩阵与 (n,k) 码的任何一个许用码字进行相乘的结果必等于 0,若 $c=m \cdot G$ 是任一 (n,k) 码字,则必有 $c \cdot H^T=0$。此时,$S=B \cdot H^T=000$。

若不属于许用码字,或有传输差错,且差错位数在 (n,k) 码纠错能力内,则运算结果将为非 0 值,$S=B \cdot H^T=001$,此时,可以纠错或检错重发。

四、程序设计

(1) 首先,给出生成矩阵,完成对任意信息序列的编码。
(2) 根据生成矩阵,形成监督矩阵。
(3) 根据得到的监督矩阵,得到伴随式,并根据它进行译码。
(4) 验证工作的正确性。

五、设计流程

(1) 首先,给出生成矩阵,完成对任意信息序列的编码。
(2) 根据生成矩阵,用 $H=\text{gen2par}(G)$,形成监督矩阵。
(3) 通过使用 $R=\text{input}$ ('请输入接收到的码组 R:'),分别输入正确的码组和错误的码组,检验纠错检错能力。
(4) 输出纠正后的编码和原信息码。

六、源程序代码

源代码：
```matlab
clear all
G = [1 0 0 1 0 1;
     0 1 0 1 1 0;
     0 0 1 0 1 1]                      % 给出生成矩阵
H = gen2par(G)                          % 求监督矩阵
disp('监督矩阵为:H =');
disp(H);
I = [0 0 0;0 0 1;0 1 0;0 1 1;1 0 0;1 0 1;1 1 0;1 1 1];
C = rem(I * G,2);                       % 求出的许用码组为 C
disp('所得许用码组结果为:C =');         % 显示输出码字 C
disp(C)
% 译码并判别
clear all;
close all;
G = [1 0 0 1 0 1;
     0 1 0 1 1 0;
     0 0 1 0 1 1];
R = input('请输入接收到的码组 R:');
[a,b] = size(R);                        % 返回数组 R 的维数
E = [0 0 0 0 0 0;1 0 0 0 0 0;
     0 1 0 0 0 0;0 0 1 0 0 0;
     0 0 0 1 0 0;0 0 0 0 1 0;0 0 0 0 0 1];
H = gen2par(G);
S = rem(R * H',2);                      % 求校验子 S
disp('所得伴随式为:S =');               % 显示输出码字的伴随式
disp(S);
i = 1;
for i = 1:1:a
    M(i,1) = S(i,1).*4 + S(i,2).*2 + S(i,3);  % 求校验子所表示的十进制整数
end
for i = 1:1:a
    switch(M(i,1))
        case 0
            A(i,:) = R(i,:) + E(1,:);
        case 5
            A(i,:) = R(i,:) + E(2,:);
        case 6
            A(i,:) = R(i,:) + E(3,:);
        case 3
```

```
                A(i,:) = R(i,:) + E(4,:);
            case 4
                A(i,:) = R(i,:) + E(5,:);
            case 2
                A(i,:) = R(i,:) + E(6,:);
            case 1
                A(i,:) = R(i,:) + E(7,:);
        end
    end
    for i = 1:1:a
        switch(M(i,1))
            case 0
                disp('没有出现错误!');
            case 1
                disp('注意:第 1 位出现一个错误!请纠正!');
            case 2
                disp('注意:第 2 位出现一个错误!请纠正!');
            case 4
                disp('注意:第 3 位出现一个错误!请纠正!');
            case 3
                disp('注意:第 4 位出现一个错误!请纠正!');
            case 6
                disp('注意:第 5 位出现一个错误!请纠正!');
            case 5
                disp('注意:第 6 位出现一个错误!请纠正!');
        end
    end
    A = rem(A,2);                   % 求出正确的编码
    disp('检纠错后的码组 A =');
    disp(A);                        % 显示正确的编码
    j = 1;
    while j < = 3                   % 提取信息位
        I(:,j) = A(:,j);
        j = j + 1;
    end
    disp('译出的信息序列 I =');
    disp(I);                        % 显示原信息码
```

七、实验波形

实验波形如图 2 – 20 – 1、图 2 – 20 – 2 所示。

若输入接收码字为 [０ ０ １ ０ １ １]，则显示没有错误，显示纠正后的码字为原码字，并显示译出信息序列为００１。

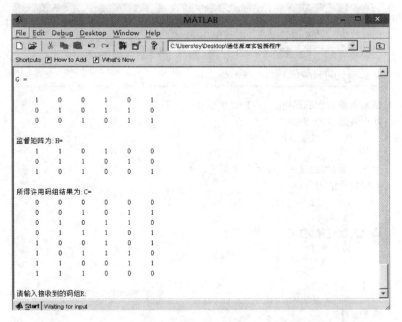

图 2-20-1　线性分组码编码译码输入正确码字的结果显示

若输入接收到的码字为[110000]，则显示第四位出现一个错误并纠正其错误，显示纠正后的正确码字[111000]，并译出正确的信息序列111。

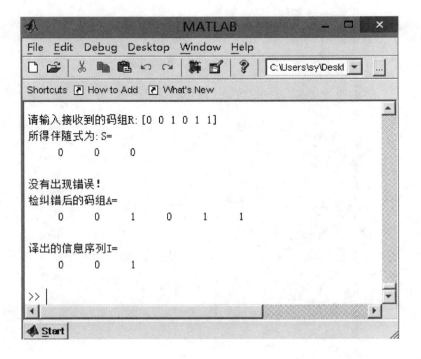

131

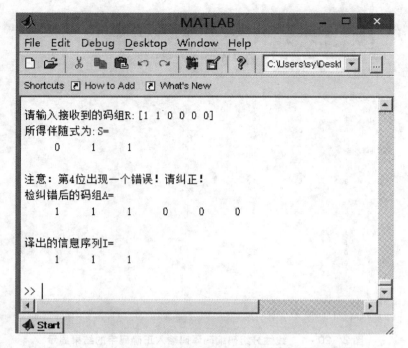

图 2-20-2 线性分组码编码译码输入错误码字的结果显示

实验二十一　基于 MATLAB 的循环码的编码译码程序

一、实验目的

(1) 熟悉循环码的编码译码原理。
(2) 掌握编写循环码的编码译码程序的要点。
(3) 掌握使用 MATLAB 仿真的要点。

二、实验内容

(1) 根据循环码的编码译码原理,设计源程序代码。
(2) 通过 MATLAB 软件仿真给定信号的编码译码波形。

三、实验原理

1. 循环码的定义

一个 (n,k) 线性分组码 c,若对任意 $P_i = \sum_{k=1}^{i-1} p(a_k)$,将码矢中的各码符号循环左移(或右移)一位,恒有 $c' = (c_{n-2}, c_{n-3}, \cdots, c_0, c_{n-1}) \in C$,就称 c 为 (n,k) 循环码。

循环码是一种线性码,因此,线性码的一切特性均适合于循环码;但它的特殊性是其循环性,码字集合或者说码组中任意一个码字的循环移位得到的序列仍是该码字集合中的码字,即它对循环操作满足封闭性。

2. 循环码的生成矩阵、生成多项式和监督矩阵

(1) 循环码的生成矩阵。

在循环码中,一个 (n,k) 循环码有 2^k 个许用码组。若用 $g(x)$ 表示其中前 $(k-1)$ 位皆为"0"的码组,用 $xg(x)$,$x^2g(x)$,$\cdots$,$x^{k-1}g(x)$ 分别表示其向左移 1,2,$\cdots$,$k-1$ 位的码组[实际上是 $x^i g(x)$ 除以 x^n+1 的余式]。根据循环性可知 $g(x)$,$xg(x)$,$x^2g(x)$,$\cdots$,$x^{k-1}g(x)$ 都是许用码组,而且这 k 个码组将是线性无关的。因此,可用它们构成循环码的生成矩阵。其中,$g(x)$ 又被称为循环码的生成多项式。

由此可见,循环码的生成矩阵 $G_{k\times n}$ 可以写成

$$G_{k\times n}(x) = \begin{bmatrix} x^{k-1}g(x) \\ x^{k-2}g(x) \\ \vdots \\ xg(x) \\ g(x) \end{bmatrix} \quad (21-1)$$

若

$$g(x) = g_{n-k}x^{n-k} + g_{n-k-1}x^{n-k-1} + \cdots + g_1 + g_0 \quad (21-2)$$

[因为前 $(k-1)$ 位皆为"0"],则

$$G_{k\times n}(x) = \begin{bmatrix} g_{n-k} & g_{n-k-1} & \cdots & & g_1 & g_0 & 0 & \cdots & 0 \\ 0 & g_{n-k} & g_{n-k-1} & \cdots & & g_1 & g_0 & 0 & \cdots & 0 \\ \vdots & & & & & & & & & \\ 0 & \cdots & 0 & g_{n-k} & g_{n-k-1} & \cdots & & & g_1 & g_0 \end{bmatrix} \quad (21-3)$$

若用 $U(x)$ 表示信息多项式，其定义为

$$U(x) = u_{k-1}x^{k-1} + \cdots + u_1 x + u_0 \quad (21-4)$$

式中，$[u_{k-1} \cdots u_1 u_0]$ 表示 k 个信息比特。由此得到的码组为

$$C(x) = U(x) \cdot G(x) = [u_{k-1} \cdots u_1 u_0] \cdot \begin{bmatrix} x^{k-1}g(x) \\ \vdots \\ xg(x) \\ g(x) \end{bmatrix} \quad (21-5)$$

$$= (u_{k-1}x^{k-1} + \cdots + u_1 x + u_0) \cdot g(x)$$

式（21-5）表明，所有的许用码组多项式都可被 $g(x)$ 整除，而且任一次数不大于 $(k-1)$ 的多项式乘 $g(x)$ 都是循环码的许用码多项式。且因为 $C(x)$ 是一个阶次小于 n 的多项式，所以由上式可知，$g(x)$ 应是一常数项不为 0 的 $(n-k)$ 阶多项式。因为如果常数项为 0，则经过右移一位，会得到一个信息位全为 0，而监督位不全为 0 的码组，这在线性码中显然是不可能的。

（2）生成多项式。

由式（21-5）可知，任意一个循环码多项式 $C(x)$ 都是 $g(x)$ 的倍式，故它可以写成：

$$C(x) = U(x) \cdot g(x) \quad (21-6)$$

而生成多项式 $g(x)$ 本身也是一个码组，即有

$$C'(x) = g(x) \quad (21-7)$$

由于码组 $C'(x)$ 是一个 $(n-k)$ 次多项式，故 $x^k C'(x)$ 是一个 n 次多项式。由式（21-7）可知，$x^k C'(x)$ 在模 $(x^n + 1)$ 运算下也是一个码组，所以有：

$$\frac{x^k C'(x)}{x^n + 1} = Q(x) + \frac{C(x)}{x^n + 1} \quad (21-8)$$

式（21-8）左端分子和分母都是 n 次多项式，故相除的商式 $Q(x) = 1$。因此，式（21-8）可以写成：

$$x^k C'(x) = (x^n + 1) + C(x) \quad (21-9)$$

将式（21-6）和式（21-7）代入式（21-9），经过化简后得到：

$$x^n + 1 = g(x)[x^k + U(x)] \quad (21-10)$$

式（21-10）表明，生成多项式 $g(x)$ 应该是 $(x^n + 1)$ 的一个常数项不为 0 的阶次为 $(n-k)$ 次的因子。

（3）循环码的监督矩阵。

式 (1) $G_{k \times n}(x) = \begin{bmatrix} x^{k-1}g(x) \\ x^{k-2}g(x) \\ \vdots \\ xg(x) \\ g(x) \end{bmatrix}$ 给出了循环码的生成矩阵，由于生成多项式 $g(x)$ 能

除尽 $x^n + 1$（因为它是 $x^n + 1$ 的一个因子，且可表示为 $g(x) = g_{n-k}x^{n-k} + \cdots + g_1 x + g_0$，且 $g_0 = 1$），因此有

$$x^n + 1 = g(x)h(x) \qquad (21-11)$$

由于式（21-11）是循环码许用码组必需要满足的监督关系，因此 $h(x)$ 称为监督多项式，且 $h(x) = h_k x^k + \cdots + h_1 x + h_0$。由式（21-11）可知，必定有

$$\begin{aligned} & g_{n-k} \cdot h_k = 1 \\ & g_0 \cdot h_0 = 1 \\ & g_1 \cdot h_0 + g_0 \cdot h_1 = 0 \\ & g_2 \cdot h_0 + g_1 \cdot h_1 + g_0 \cdot h_2 = 0 \\ & \cdots \\ & g_{n-1} \cdot h_0 + g_{n-2} \cdot h_1 + \cdots + g_{n-k} \cdot h_{k-1} + \cdots + g_0 \cdot h_{n-1} = 0 \end{aligned} \qquad (21-12)$$

因此，可确定监督多项式的系数，而 $H_{r \times n}$ 完全由监督多项式 $h(x)$ 的系数确定，因为 $GH^T = 0$，$r = n - k$。

由此，可得循环码的监督矩阵为

$$H_{r \times n} = \begin{bmatrix} h_0 & h_1 & \cdot & \cdot & h_{k-1} & h_k & 0 & 0 & \cdot & \cdot & 0 \\ 0 & h_0 & h_1 & \cdot & \cdot & h_{k-1} & h_k & 0 & 0 & \cdot & 0 \\ 0 & 0 & h_0 & h_1 & \cdot & \cdot & h_{k-1} & h_k & 0 & 0 & 0 \\ \vdots & \vdots & & & & & & & & & \vdots \\ 0 & 0 & 0 & 0 & 0 & 0 & h_0 & h_1 & \cdot & h_{k-1} & h_k \end{bmatrix} \qquad (21-13)$$

已知 (7,4) 循环码的生成多项式和校验多项式分别为：$g(x) = x^3 + x + 1$，$h(x) = x^4 + x^2 + x + 1$。写得其生成矩阵和校验矩阵分别为：

$$G = \begin{bmatrix} 1 & 0 & 1 & 1 & 0 & 0 & 0 \\ 0 & 1 & 0 & 1 & 1 & 0 & 0 \\ 0 & 0 & 1 & 0 & 1 & 1 & 0 \\ 0 & 0 & 0 & 1 & 0 & 1 & 1 \end{bmatrix} \qquad (21-14)$$

$$H = \begin{bmatrix} 1 & 1 & 1 & 0 & 1 & 0 & 0 \\ 0 & 1 & 1 & 1 & 0 & 1 & 0 \\ 0 & 0 & 1 & 1 & 1 & 0 & 1 \end{bmatrix} \qquad (21-15)$$

3. 编码原理

信息码构成信息多项式 $m(x) = m_{k-1}x^{k-1} + \cdots + m_0$，其中最高幂次为 $k-1$；用 x^{n-k} 乘以信息多项式 $m(x)$，得到的 $x^{n-k}m(x)$，最高幂次为 $n-1$，该过程相当于把信息码 $(m_{k-1}, m_{k-2}, \cdots, m_1, m_0)$ 移位到了码字德前 k 个信息位，其后是 r 个全为零的监督位；用

$g(x)$ 除 $x^{n-k}m(x)$ 得到余式 $r(x)$，其次数必小于 $g(x)$ 的次数，即小于 $(n-k)$，将此 $r(x)$ 加于信息位后做监督位，即将 $r(x)$ 与 $x^{n-k}m(x)$ 相加，得到的多项式必为码多项式。编码流程如图 2-21-1 所示。

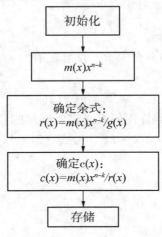

图 2-21-1　编码流程

（1）有信息码构成信息多项式 $m(x) = m_{k-1}x^{k-1} + \cdots + m_0$，其中，高幂次为 $k-1$。
（2）用 x^{n-k} 乘上信息多项式 $m(x)$，得最高幂次为 $n-1$，做移位。
（3）用 $g(x)$ 除 $x^{n-k}m(x)$ 和到余式 $r(x)$。

4. 循环码的译码

我们知道，循环码任一许用码多项式 $C(x)$ 都能被生成多项式 $g(x)$ 所整除，所以接收端只需将接收到的码多项式 $C'(x)$ 用生成多项式 $g(x)$ 去除。若余式为 0（被生成多项式整除），说明传输过程中未发生错误；若余式不为 0（没有被生成多项式整除），则说明传输过程中发生了误码。因此，可以用余式是否为零来判断码组中有无差错。需要说明的是，当一许用码多项式错成另一许用码多项式时，它也能被 $g(x)$ 所整除，这时的错码就不能被检出了，这种错误称为不可检错误。

在接收端如果需要纠错，则采用的译码方法要比检错复杂很多，为了能够纠错，要求每个可纠正的错误图样必须与一个特定的余式有一一对应关系，这样才可能从上述余式中唯一地确定其错误图样，从而纠正错码。如同其他线性分组码，循环码的纠错译码也可以分为以下三步进行，如图 2-21-2 所示。

（1）由接收到的码 $C'(x)$ 计算校正子（伴随式）多项式 $r'(x)$。

对于循环码而言，校正子多项式就是用接收到的码多项式 $C'(x)$ 除以生成多项式 $g(x)$ 所得到的余式，即 $r'(x) = C'(x)[\mod g(x)]$。

（2）由校正子多项式 $r'(x)$ 确定错误图样 $E(x)$。

（3）将错误图样 $E(x)$ 与接收码多项式 $C'(x)$ 相加，即可纠正错误恢复原发送码组。

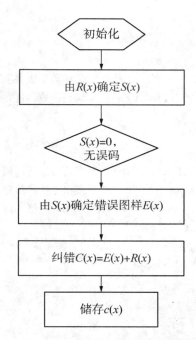

图 2-21-2　循环码的译码流程

四、程序设计

（1）首先给定一组输入信号序列，可用 randint 产生随机的任意整数矩阵。
（2）根据循环码编码原理，画出信息元序列的波形和编码后的波形。
（3）根据循环码译码原理，画出进行译码的编码序列波形和译码后的波形。
（4）对比原来的信息元序列和译码后的波形。

五、设计流程

（1）输入信号序列，可使用 msg = randint（$k*4$，1，2），随机提取信号，产生随机分布的任意整数矩阵。
（2）根据循环码编码原理，画出信息元序列的波形和编码后的波形。
（3）根据循环码译码原理，画出进行译码的编码序列波形和译码后的波形。
（4）对比原来的信息元序列和译码后的波形。

六、源程序代码

源代码：

```
% 循环码编码与解码 MATLAB 源程序(实验以(7,4)循环码进行分析)
m = 3;
n = 2^m-1;                     % 定义码长
k = n-m;                       % 信息位长
msg = randint(k*4,1,2);        % 随机提取信号,引起一致地分布的任意整数矩阵
```

```
subplot(2,2,1)
stem(msg)
title('编码器输入信号')
p = cyclpoly(n,k)                          % 循环码生成多项式,n = 7,k = 4
code = encode(msg,n,k,'cyclic',p);         % 编码函数,对信号进行差错编码
subplot(2,2,2)
stem(code)
title('编码器输出信号')
recode = decode(code,n,k,'cyclic',p)       % 对信号进行译码,对接收到的码字进行译码,恢
                                           % 复出原始的信息,译码参数和方式必须和编码时
                                           % 采用的严格相同
subplot(2,2,3)
stem(recode)
title('译码器输出信号')
```

七、实验波形

实验波形如图 2 – 21 – 3 所示。

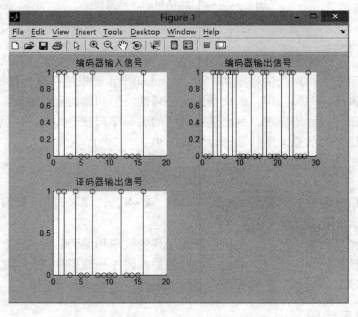

图 2 – 21 – 3　循环码（7，4）的编码和译码波形

实验二十二 基于 MATLAB 的卷积码的编码译码程序

一、实验目的

（1）熟悉卷积码的编码译码原理。
（2）掌握编写卷积码的编码译码程序的要点。
（3）掌握使用 MATLAB 仿真的要点。

二、实验内容

（1）根据卷积码的编码译码原理，设计源程序代码。
（2）通过 MATLAB 软件仿真给定信号的编码译码波形。

三、实验原理

卷积码是一种性能优越的信道编码[10]。(n,k,N) 表示把 k 个信息比特编成 n 个比特，N 为编码约束长度，说明编码过程中互相约束的码段个数。卷积码编码后的 n 个码元不仅与当前组的 k 个信息比特有关，而且与前 $N-1$ 个输入组的信息比特有关。编码过程中相互关联的码元有 $N \times n$ 个。$R = k/n$ 是卷积码的码率，码率和约束长度是衡量卷积码的两个重要参数。

卷积码的编码描述方法有 5 种：冲激响应描述法、生成矩阵描述法、多项式乘积描述法、状态图描述法和网格图描述法。卷积码的纠错能力随着 N 的增加而增大，而差错率随着 N 的增加而指数下降。

1. 卷积码的代数表述

（1）监督矩阵 H。一般说来，卷积码的截短监督矩阵具有如下形式：

$$H_1 = \begin{bmatrix} P_1 & I_{n-k} & & & & & & \\ P_2 & 0_{n-k} & P_1 & I_{n-k} & & & & \\ P_3 & 0_{n-k} & P_2 & 0_{n-k} & P_1 & I_{n-k} & & \\ \vdots & \vdots & \vdots & \vdots & \vdots & \vdots & & \\ P_N & 0_{n-k} & P_{N-1} & 0_{n-k} & P_{N-2} & 0_{n-k} & \cdots & P_1 & I_{n-k} \end{bmatrix} \quad (22-1)$$

式中，I_{n-k}——$(n-k)$ 阶单位方阵；
P_i——$k(n-k)$ 阶矩阵；
0_{n-k}——$(n-k)$ 阶全零方阵。

有时还将 H_1 的末行称为基本监督矩阵 h

$$h = [P_N 0_{n-k} P_{N-1} 0_{n-k} P_{N-2} 0_{n-k} \cdots P_1 I_{n-k}] \quad (22-2)$$

从给定的 h 不难构造出 H_1。

（2）生成矩阵 G。一般说来，截短生成矩阵具有如下形式：

$$G_1 = \begin{bmatrix} I_k & Q_1 & O_k & Q_2 & O_k & Q_3 & \cdots & O_k & Q_N \\ & & I_k & Q_1 & O_k & Q_2 & \cdots & O_k & Q_{N-1} \\ & & & & I_k & Q_1 & \cdots & O_k & Q_{N-2} \\ & & & & & & \cdots & & \vdots \\ & & & & & & & I_k & Q_1 \end{bmatrix} \quad (22-3)$$

式中，I_k——k 阶单位方阵；

Q_i——$(n-k) \times k$ 阶矩阵；

O_k——k 阶全零方阵。

并将上式中矩阵第一行称为基本生成矩阵 g

$$g = [I_k\ Q_1\ O_k\ Q_2\ O_k\ Q_3 \cdots O_k\ Q_N] \quad (22-4)$$

如果基本生成矩阵 g 已经给定，则可以从已知的信息位得到整个编码序列。

2. 卷积码的解码

（1）代数解码。利用编码本身的代数结构进行解码，不考虑信道的统计特性。大数逻辑解码又称门限解码是卷积码代数解码的最主要一种方法，它也可以应用于循环码的解码。大数逻辑解码对于约束长度较短的卷积码最为有效，而且设备较简单。

（2）概率解码。又称最大似然解码。它基于信道的统计特性和卷积码的特点进行计算。针对无记忆信道提出的序贯解码就是概率解码方法之一。另一种概率解码方法是维特比算法。当码的约束长度较短时，它比序贯解码算法的效率更高、速度更快，目前得到广泛的应用。

以（2，1，2）卷积码为例，其生成多项式为：

$$G = \begin{cases} g_1 = 1 + x + x^2 \\ g_2 = 1 + x \end{cases} \quad (22-5)$$

状态转移方程为

$$\begin{cases} c_1 = u + \delta_1 + \delta_2 \\ c_2 = u + \delta_1 \end{cases} \quad (22-6)$$

下面以图 2-22-1 的编码器所编出的码为例，来说明卷积码编码的方法和过程。为了使过程更加清晰，这里给出该码的状态图，如图 2-22-2 所示。

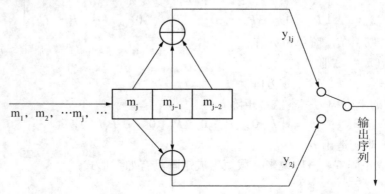

图 2-22-1 （2，1，2）卷积码编码器

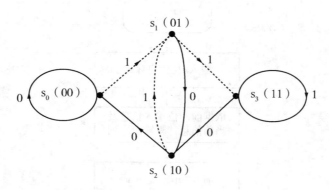

图 2-22-2 (2,1,2) 卷积码状态转移

由上面状态转移图得到状态转移的 4 个状态,每一个状态 $\delta_2\delta_1$ 的转移都与当前输入消息 u 有关。而每一个对应的输出 c_1c_2 不仅与当前输入的消息 u 有关,还与移存器前一状态 $\delta_2\delta_1$ 有关。

根据该码的状态转移图可以列出其状态转移表,如表 2-22-1 所示。

表 2-22-1 (2,1,2) 卷积码状态转移表

移存器前一个状态 $\delta_2\delta_1$	当前输入信息位 u	输出码字 C_1C_2	移存器下一状态 $\delta_2\delta_1$
00	0	00	00
	1	11	01
01	0	11	10
	1	00	11
10	0	10	00
	1	01	01
11	0	01	10
	1	10	11

卷积码编码流程如图 2-22-3 所示:

3. 译码编程思路

译码总体上是先通过"加—比—选"得到最优路径,然后根据状态转移图得到解码后的码字。用 $D(i)$ = hamming_distance $(W(i,:),word(1:chip*2))$ 得到汉明距,用 [val, index] = sort(D) 来实现 val 中汉明距从小到大排列,index 中存对应 val 数据所在位置。首先初始化选前 n 时隙来比较汉明距,选出最小的 4 条路径,而后每条被选出的路径增加一时隙进行迭代运算,选出新的汉明距最小的 4 条路径,依次循环,直至迭代至码组结束。最后选出汉明距最小的一条路径来进行译码。

卷积码译码流程,如图 2-22-4 所示。

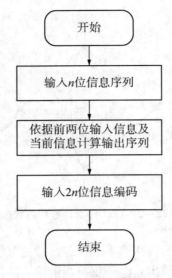

图 2-22-3 卷积码流程

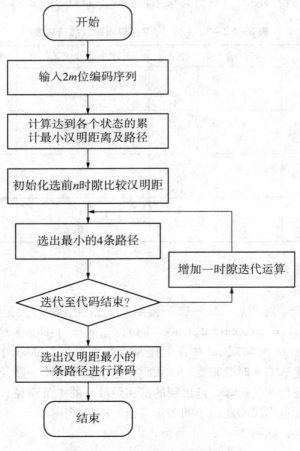

图 2-22-4 卷积码译码流程

四、程序设计

(1) 首先给定一组输入信号序列,如 [1 1 1 1 0 0 0 0 1 0]。
(2) 根据卷积码编码原理,画出信息元序列的波形和编码后的波形。
(3) 根据卷积码译码原理,画出进行译码的编码序列波形和译码后的波形。
(4) 对比原来的信息元序列和译码后的波形。

五、设计流程

(1) 输入信号序列,使用 msg = input('请输入信息码序列:'),能够任意改变编码的序列。
(2) 根据卷积码编码原理,以(2,1,2)卷积码为例,画出信息元序列的波形和编码后的波形。
(3) 根据卷积码译码流程图,构造汉明距子函数,画出进行译码的编码序列波形和译码后的波形。
(4) 对比原来的信息元序列和译码后的波形。

六、源程序代码

源代码:

```
% 卷积码编码
clear;
clc;
msg = input('请输入信息码序列:');
msg
a = length(msg);
x = .01:.01:a;
[m,n] = size([msg]'*ones(1,100));
y = reshape(([msg]'*ones(1,100))',1,m*n);
subplot(2,1,1)
plot(x,y)
title('信息码序列')
xlabel('t')
ylabel('msg')
axis([0 length(msg) -0.5 1.5])
word = encode_conv212(msg)
b = length(word);
x = .01:.01:b;
[m,n] = size([word]'*ones(1,100));
y = reshape(([word]'*ones(1,100))',1,m*n);
subplot(2,1,2)
plot(x,y)
```

```
title('编码序列')
xlabel('t')
ylabel('word')
axis([0 length(word) -0.5 1.5])
% 调用子函数
% encode_conv212.m
function word = encode_conv212(msg)
word = zeros(1,length(msg)*2);
current = [0 0];
for i = 1:length(msg)
    [out,next] = state_machine(msg(i),current);
    current = next;
    word(2*i-1) = out(1);
    word(2*i) = out(2);
end
% state_machine.m
function [output,nextState] = state_machine(input,current_state)
output(1) = mod(input + current_state(2) + current_state(1),2);
output(2) = mod(input + current_state(2),2);
nextState(1) = current_state(2);
nextState(2) = input;
end

% 卷积码译码
clear;
clc;
word = input('请输入收到的编码:');
word
msg = decode_conv212(word);
wordr = encode_conv212(msg);
c = 1;
for i = 1:1:length(word)
    if word(i)~ = wordr(i)
        c = 0;
        s = i;
    end
end
if c = = 0
    fprintf('错误出现在第%1.0f位\n',s);
    wordr
else
    fprintf('信息编码无错误');
```

```
end
msg
a = length(msg);
x = .01:.01:a;
[m,n] = size([msg]' * ones(1,100));
y = reshape(([msg]' * ones(1,100))',1,m*n);
subplot(2,1,2)
plot(x,y)
title('信息码序列')
xlabel('t')
ylabel('msg')
axis([0 length(msg) -0.5 1.5])
b = length(word);
x = .01:.01:b;
[m,n] = size([word]' * ones(1,100));
y = reshape(([word]' * ones(1,100))',1,m*n);
subplot(2,1,1)
plot(x,y)
hold on
if c == 0
    z = reshape(([wordr]' * ones(1,100))',1,m*n);
    plot(x,z,'--r')
end
title('编码序列')
xlabel('t')
ylabel('word')
axis([0 length(word) -0.5 1.5])
% 调用到的子函数:
% decode_conv212.m
function msg = decode_conv212(word)
chip = 5;
for i = 1:2^chip
    M(i,:) = de2bi(i-1,chip);
    W(i,:) = encode_conv212(M(i,:));
    D(i) = hamming_distance(W(i,:),word(1:chip*2));
end
[val,index] = sort(D);
ret_msg = zeros(1,length(word)/2);
for i = 1:6
    ret_msg(i,1:chip) = M(index(i),:);
    ret_dis(i) = D(index(i));
end
```

```
iter = (length(word) - chip*2)/2;
for i = 1:iter
    for j = 1:6
        msg_temp1 = [ret_msg(j, 1:chip+i-1) 0];
        msg_temp2 = [ret_msg(j, 1:chip+i-1) 1];
        word_temp1 = encode_conv212(msg_temp1);
        word_temp2 = encode_conv212(msg_temp2);
        dis_temp1 = hamming_distance(word_temp1, word(1:chip*2+2*i));
        dis_temp2 = hamming_distance(word_temp2, word(1:chip*2+2*i));
        if (dis_temp1 < dis_temp2)
            ret_msg(j, 1:chip+i) = msg_temp1;
            ret_dis(j) = dis_temp1;
        else
            ret_msg(j, 1:chip+i) = msg_temp2;
            ret_dis(j) = dis_temp2;
        end
    end
end
[val, index] = sort(ret_dis);
msg = ret_msg(index(1), :);
end
% 汉明距:
% hamming_distance.m
function distance = hamming_distance(a, b)
temp = a + b;
temp = mod(temp, 2);
distance = sum(temp);
end
```

七、实验波形

实验波形如图 2-22-5、图 2-22-6 所示。

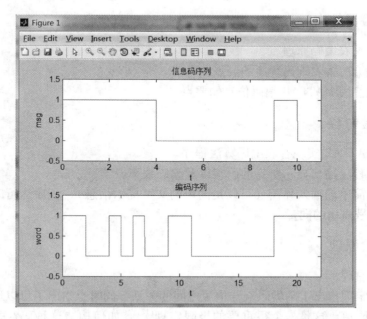

图 2-22-5　卷积码输入信息码序列和编码序列波形

译码：

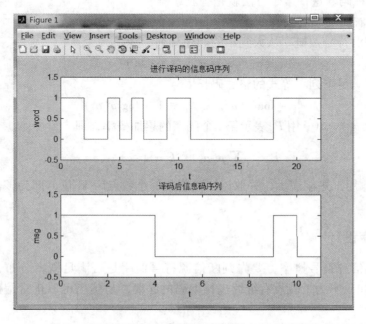

图 2-22-6　卷积码译码和译码后信息码序列波形

实验二十三 基于 MATLAB 的香农编码

一、实验目的

（1）熟悉香农编码原理。
（2）掌握编写香农编码程序的要点。
（3）掌握使用 MATLAB 编码仿真的要点。

二、实验内容

（1）用 MATLAB 实现香农编码算法程序。
（2）要求程序输出显示所有的码字以及编码效率。
（3）设计简单的输入界面（可以是简单的文字提示信息），程序运行时提示用户输入代表信源符号概率的向量。

三、实验原理

香农编码原理：

香农第一定理指出了平均码长与信源之间的关系，同时也指出了可以通过编码使平均码长达到极限值，这是一个很重要的极限定理[12]。如何构造这种码？香农第一定理指出，选择每个码字的长度 K_i 满足下式：

$$I(x_i) \leqslant K_i < I(x_i) + 1 \tag{23-1}$$

就可以得到这种码。这种编码方法就是香农编码。

二进制香农码的编码步骤如下：

（1）将信源符号按概率从大到小的顺序排列，令

$$p(a_1) \geqslant p(a_2) \geqslant \cdots \geqslant p(a_n)$$

（2）确定满足下列不等式的整数码长 K_i

$$-\log_2 p(a_i) \leqslant K_i \leqslant 1 - \log_2 p(a_i) \tag{23-2}$$

（3）令 $p(a_1) = 0$，用 P_i 表示第 i 个码字的累加概率，即

$$P_i = \sum_{k=1}^{i-1} p(a_k) \quad k = 1,2,\cdots,n \tag{23-3}$$

（4）将 P_i 用二进制表示，并取该二进制数的小数点后 K_i 位，即为该消息符号的二进制码字。

四、程序设计

（1）给定信源符号概率，要先判断信源符号概率是否满足概率分布，即各概率之和是否为 1，如果不为 1 就没有继续进行编码的必要，虽然仍可以正常编码，但编码失去了意义。
（2）对信源符号概率进行从大到小的排序，以便进行下一步。从第一步得到信源

符号的个数 n，构造一个零矩阵 B，以便储存接下来运算的结果。把排好序的信源符号概率以列的形式赋给 B 的第一列。

（3）做编码的第二步，求信源符号概率的累加概率（方法见程序），用来编写码字。接着求各信源符号概率对应的自信息量，用于求解码长。

（4）对所求的自信息量在无穷方向取最小正整数，得到的最小正整数就是该信源符号所对应编码的码长，有了码长，接下来就可以求解码字。

（5）对所求的累加概率求其二进制，取其小数点后的数，所取位数由该信源符号对应的码长决定，依次得到各信源符号的香农编码。

五、设计流程

（1）输入一组概率数组，以 $A = [0.30, 0.20, 0.15, 0.05, 0.17, 0.13]$ 为例，要先判断信源符号概率是否满足概率分布，即各概率之和是否为 1，如果不为 1 就没有继续进行编码的必要。

（2）通过循环语句，将信源消息符号按其出现的概率大小依次排列，并构造一个零矩阵 B。

（3）求信源符号概率的累加概率（方法见程序），用来编写码字，接着求各信源符号概率对应的自信息量，用于求解码长。

（4）利用上述步骤可以求出码长，从而求解出码字。

（5）经过上述步骤后，可以得到降序后的概率数组、生成的香农编码和平均码长。

六、源程序代码

源代码：

```
% 香农编码的 MATLAB 源程
clc;
clear;
A = [0.30,0.20,0.15,0.05,0.17,0.13];
A = fliplr(sort(A));                 % 降序排列
[m,n] = size(A);
for i = 1:n
    B(i,1) = A(i);                   % 生成 B 的第 1 列
end

a = sum(B(:,1))/2;
for k = 1:n-1
    if abs(sum(B(1:k,1)) - a) <= abs(sum(B(1:k+1,1)) - a)
        break;
    end
end
for i = 1:n                          % 生成 B 第 2 列的元素
    if i <= k
```

```
                B(i,2) = 0;
            else
                B(i,2) = 1;
            end
        end
    end
% 生成第一次编码的结果
END = B(:,2)';
END = sym(END);                              % 生成第3列及以后几列的各元素
j = 3;
while (j~ = 0)
    p = 1;
    while( p < = n)
        x = B( p, j – 1);
        for q = p: n
            if x = = – 1
                break;
            else
                if B( q, j – 1) = = x
                    y = 1;
                    continue;
                else
                    y = 0;
                    break;
                end
            end
        end
        if y = = 1
            q = q + 1;
        end
        if q = = p|q – p = = 1
            B( p, j) = – 1;
        else
            if q – p = = 2
                B( p, j) = 0;
END( p) = [ char( END( p)), '0'];
B( q – 1, j) = 1;
END( q – 1) = [ char( END( q – 1)), '1'];
            else
                a = sum( B( p: q – 1, 1))/2;
                for k = p: q – 2
                    if abs( sum( B( p: k, 1)) – a) < = abs( sum( B( p: k + 1, 1)) – a);
                        break;
```

```
                    end
                end
                for i = p: q - 1
                    if i < = k
                        B(i, j) = 0;
                        END(i) = [char(END(i)), '0'];
                    else
                        B(i, j) = 1;
                        END(i) = [char(END(i)), '1'];
                    end
                end
            end
        end
        p = q;
    end
    C = B(:, j);
    D = find(C = = -1);
    [e, f] = size(D);
    if e = = n
        j = 0;
    else
        j = j + 1;
    end
end
B
A
printf('\n shannon code: \n');
END
for i = 1: n
[u, v] = size(char(END(i)));
L(i) = v;
end
printf('\n The average length of the code: \n');
sum(L. * A)
```

七、实验波形

实验波形如图 2-23-1 所示。

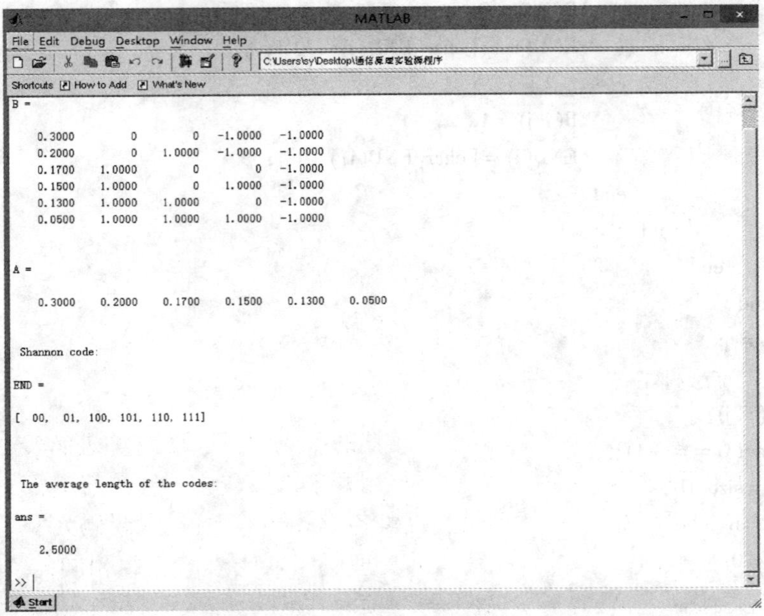

图 2-23-1　香农编码的仿真

实验二十四　基于 MATLAB 的费诺编码

一、实验目的

（1）熟悉费诺编码原理。
（2）掌握编写费诺编码程序的要点。
（3）掌握使用 MATLAB 编码仿真的要点。

二、实验内容

（1）用 MATLAB 实现费诺编码算法程序。
（2）要求程序输出显示所有的码字，平均码长编码效率。

三、实验原理

费诺编码属于概率匹配编码，但不是最佳的编码方法。在编 N 进制码时，首先将信源消息符号按其出现的概率依次由大到小排列开来，并将排列好的信源符号按概率值分 N 大组，使 N 组的概率之和近似相同，并对各组赋予一个 N 进制码元 $0,1,\cdots,N-1$。之后再针对每一大组内的信源符号做如上处理，即再分为概率和相同的 N 组，赋予 N 进制码元。如此重复，直至每组只剩下一个信源符号为止。此时每个信源符号所对应的码字即为费诺码。针对同一信源，费诺码要比香农码的平均码长小，消息传输速率大，编码效率高[13]。

费诺编码方法属于概率匹配编码，具有如下特点：
（1）概率大，则分解次数小；概率小，则分解次数多。这符合最佳码原则。
（2）码字集合是唯一的。
（3）分解完了，码字出来了，码长也有了，即先有码字后有码长。因此，费诺编码方法又称为子集分解法。

四、程序设计

（1）将信源消息符号按其出现的概率大小依次排列：$P_1 \geqslant P_2 \geqslant \cdots \geqslant P_N$。
（2）依次排列的信源符号按概率值分为两大组，使两个组的概率之和近似相同，并对各组赋予一个二进制码元"0"和"1"。
（3）对每一大组内的信源符号如上处理，使划分后的两个组的概率之和近似相同，并对各组赋予一个二进制符号"0"和"1"。
（4）如此重复，直至每个组只剩下一个信源符号为止。
（5）信源符号所对应的码字即为费诺码。

五、设计流程

（1）输入一组概率数组，以 [0.30, 0.20, 0.15, 0.05, 0.17, 0.13] 为例，并

将信源消息符号按概率大小依次排列。

（2）通过循环语句，对数组元素进行判断。依次排列的信源符号按概率值分为两大组，使两个组的概率之和近似相同。并对各组赋予一个二进制码元"0"和"1"。

（3）不断地重复步骤2，直至每个组只剩下一个信源符号为止。

（4）经过上述步骤后，可以得到降序后的概率数组，生成费诺编码、平均码长、编码效率。

六、源程序代码

源代码：

```
% 费诺编码程序
clc;
clear;
A = [0.30,0.20,0.15,0.05,0.17,0.13];
A = fliplr(sort(A));                    % 降序排列
[m,n] = size(A);
for i = 1:n
    B(i,1) = A(i);                      % 生成B的第1列
end
% 生成B第2列的元素
a = sum(B(:,1))/2;
for k = 1:n - 1
    if abs(sum(B(1:k,1)) - a) < = abs(sum(B(1:k + 1,1)) - a)
        break;
    end
end
for i = 1:n                             % 生成B第2列的元素
    if i < = k
        B(i,2) = 0;
    else
        B(i,2) = 1;
    end
end                                     % 生成第一次编码的结果
END = B(:,2)';
END = sym(END);                         % 生成第3列及以后几列的各元素
j = 3;
while(j ~ = 0)
    p = 1;
    while( p < = n)
        x = B( p, j - 1);
        for q = p: n
            if x = = - 1
```

```
                    break;
                else
                    if B(q,j-1) == x
                        y = 1;
                        continue;
                    else
                        y = 0;
                        break;
                    end
                end
            end
            if y == 1
                q = q + 1;
            end
            if q == p | q - p == 1
                B(p,j) = -1;
            else
                if q - p == 2
                    B(p,j) = 0;
                    END(p) = [char(END(p)),'0'];
                    B(q-1,j) = 1;
                    END(q-1) = [char(END(q-1)),'1'];
                else
                    a = sum(B(p:q-1,1))/2;
                    for k = p:q-2
                        if abs(sum(B(p:k,1)) - a) <= abs(sum(B(p:k+1,1)) - a);
                            break;
                        end
                    end
                    for i = p:q-1
                        if i <= k
                            B(i,j) = 0;
                            END(i) = [char(END(i)),'0'];
                        else
                            B(i,j) = 1;
                            END(i) = [char(END(i)),'1'];
                        end
                    end
                end
            end
            p = q;
        end

        C = B(:,j);
```

```
        D = find( C = = - 1);
        [ e, f] = size( D);
        if e = = n
             j = 0;
        else
             j = j + 1;
        end
    end
    B
    A
    printf( '\n Feno code: \n')
    END
    for i = 1: n
        [ u, v] = size( char( END( i)));
        L( i) = v;
    end
    printf( '\n The average length of the code: \n');
    sum( L. * A)
```

七、实验波形

实验波形如图2-24-1所示。

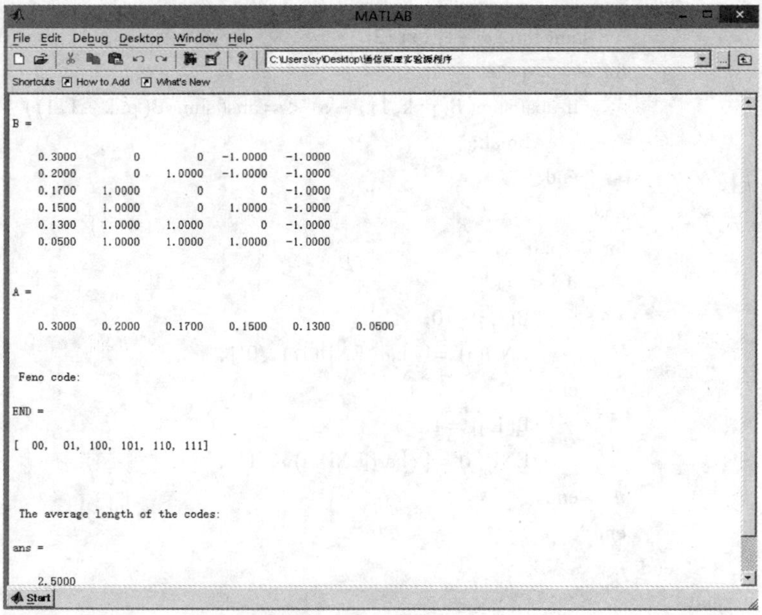

图2-24-1 费诺编码的仿真

实验二十五 基于 MATLAB 的哈夫曼编码

一、实验目的

（1）熟悉哈夫曼编码原理。
（2）掌握编写哈夫曼编码程序的要点。
（3）掌握使用 MATLAB 编码仿真的要点。

二、实验内容

（1）用 MATLAB 实现 Huffman 编码算法程序。
（2）要求程序输出显示所有的码字以及编码效率。
（3）设计简单的输入界面（可以是简单的文字提示信息），程序运行时提示用户输入代表信源符号概率的向量。

三、实验原理

1. 二进制 Huffman 编码的基本原理及算法

（1）把信源符号按概率从小到大排序。
（2）取概率最小的两个符号作为两片叶子合并（缩减）到一个节点。
（3）视此节点为新符号，其概率等于被合并（缩减）的两个概率之和，参与概率排队。
（4）重复（2）（3）两步骤，直至全部符号都被合并（缩减）到根。
（5）从根出发，对各分枝标记"0"和"1"。从根到叶的路径就给出了各个码字的编码和码长。

2. 程序设计的原理

（1）程序的输入。以一维数组的形式输入要进行 Huffman 编码的信源符号的概率，在运行该程序前，显示文字提示信息，提示所要输入的概率矢量；然后对输入的概率矢量进行合法性判断。原则为：如果概率矢量中存在小于 0 的项，则输入不合法，提示重新输入；如果概率矢量的求和大于 1，则输入也不合法，提示重新输入。

（2）Huffman 编码具体实现原理：

1）在输入的概率矩阵 p 正确的前提条件下，对 p 进行排序，并用矩阵 l 记录 p 排序之前各元素的顺序，然后将排序后的概率数组 p 的前两项，即概率最小的两个数加和，得到新的一组概率序列。重复以上过程，最后得到一个记录概率加和过程的矩阵 p 以及每次排序之前概率顺序的矩阵 a。

2）新生成一个 $n-1$ 行 n 列，并且每个元素含有 n 个字符的空白矩阵 c，之后进行 Huffman 编码。

将 c 矩阵的第 $n-1$ 行的第一和第二个元素分别令为 0 和 1（编码时，根节点之下的概率较小的元素后补 0，概率较大的元素后补 1，后面的编码都遵守这个原则）。

然后，对 $n-i-1$ 的第一、二个元素进行编码，首先在矩阵 a 中第 $n-i$ 行找到值为

1 所在的位置，然后在 c 矩阵中第 $n-i$ 行中找到对应位置的编码（该编码即为第 $n-i-1$ 行第一、二个元素的根节点），则矩阵 c 的第 $n-i$ 行的第一、二个元素的 $n-1$ 的字符为以上求得的编码值，根据之前的规则，第一个元素最后补 0，第二个元素最后补 1，则完成该行的第一、二个元素的编码。

最后，将该行的其他元素按照"矩阵 c 中第 $n-i$ 行第 $j+1$ 列的值等于对应于 a 矩阵中第 $n-i+1$ 行中值为 $j+1$ 的前面一个元素的位置在 c 矩阵中的编码值"的原则进行赋值，重复以上过程即可完成 Huffman 编码。

3）计算信源熵和平均码长，其比值即为编码效率。

四、程序设计

（1）首先给定一组概率数组，如 [0.30 0.20 0.15 0.05 0.17 0.13]。

（2）根据输入的概率数组，判断数组的合法性，需要对输入数组中的每个元素进行判断，如果输入的概率数组中有小于 0 的值，则重新输入概率数组；如果输入的概率数组总和大于 1，则重新输入概率数组。

（3）在 MATLAB 中进行操作时，首先，生成一个 $n-1$ 行 n 列的数组，对概率数组 q 进行从小至大的排序，并且用 l 数组返回一个数组，该数组表示概率数组 q 排序前的顺序编号。由数组 l 构建一个矩阵，该矩阵表明概率合并时的顺序，将排序后的概率数组 q 的前两项，即概率最小的两个数加和，得到新的一组概率序列。

（4）生成一个 $n-1$ 行 n 列，并且每个元素的的长度为 n 的空白数组 c，c 矩阵用于进行 Huffman 编码，并且在编码中与 a 矩阵有一定的对应关系，完成对 Huffman 码字的分配。

五、设计流程

（1）输入一个概率数组，并判断数组内所有元素的合法性。
（2）通过循环语句，根据哈夫曼编码原理，完成 Huffman 码字的分配。
（3）分别计算出每一个 Huffman 编码的长度、平均码长、信源熵和编码效率。

六、源程序代码

源代码：
```
% Huffman 编码程序
p = input('please input a number:')          % 提示输入界面 n = length(p);
for i = 1:n
    if  p(i) < 0
        fprintf('\n The probabilities in huffman can not less than 0!\n');
        p = input('please input a number:')   % 如果输入的概率数组中有小于 0 的值,则
                                              % 重新输入概率数组
    end
end
if   abs(sum(p) - 1) > 0
    fprintf('\n The sum of the probabilities in huffman can more than 1!\n');
    p = input('please input a number:')       % 如果输入的概率数组总和大于 1,则重新
```

```matlab
                                          % 输入概率数组
    end
    q = p;
    a = zeros(n-1,n);                     % 生成一个 n-1 行 n 列的数组
    for i = 1:n-1
        [q,l] = sort(q);                  % 对概率数组 q 进行从小至大的排序,并且用
                                          % l 数组返回一个 数组,该数组表示概率数组
                                          % q 排序前的顺序编号
        a(i,:) = [l(1:n-i+1),zeros(1,i-1)] % 由数组 l 构建一个矩阵,该矩阵表明概率合
                                          % 并时的顺序,用 于后面的编码
        q = [q(1)+q(2),q(3:n),1];         % 将排序后的概率数组 q 的前两项,即概率最
                                          % 小的两个数加和,得到新的一组概率序列
    end
    for i = 1:n-1
        c(i,1:n*n) = blanks(n*n);         % 生成一个 n-1 行 n 列,并且每个元素的的长度为 n
                                          % 的空白数组,c 矩阵用于进行 Huffman 编码,并且在
                                          % 编码中与 a 矩阵有一定的对应关系
    end
    c(n-1,n) = '0';                       % 由于 a 矩阵的第 n-1 行的前两个元素为进行 Huffman 编码加和
                                          % 运算时所得的最
    c(n-1,2*n) = '1';                     % 后两个概率,因此其值为 0 或 1,在编码时设第 n-1 行的第一个
                                          % 空白字符为 0,第二个空白字符 1.
    for i = 2:n-1
        c(n-i,1:n-1) = c(n-i+1,n*(find(a(n-i+1,:)==1))-(n-2):n*(find(a(n-i+1,:)==1)))
                                          % 矩阵 c 的第 n-i 的 第一个元素的 n-1 的字符赋值为对应于 a 矩阵中第 n-i+1 行中值为 1 的位置在 c 矩阵中的编码值
        c(n-i,n) = '0'                    % 根据之前的规则,在分支的第一个元素最后补 0
        c(n-i,n+1:2*n-1) = c(n-i,1:n-1)   % 矩阵 c 的第 n-i 的第二个元素的 n-1 的
                                          % 字符与第 n-i 行的第一个元素 的前 n-1
                                          % 个符号相同,因为其根节点相同
        c(n-i,2*n) = '1'                  % 根据之前的规则,在分支的第一个元素最后补 1
        for j = 1:i-1
            c(n-i,(j+1)*n+1:(j+2)*n) = c(n-i+1,n*(find(a(n-i+1,:)==j+1)-1)+1:n*find(a(n-i+1,:)==j+1))
                                          % 矩阵 c 中第 n-i 行第 j+1 列的值等于对应于 a
                                          % 矩阵中第 n-i+1 行中值为 j+1 的前面一 个元素
                                          % 的位置在 c 矩阵中的编码值
        end
    end                                   % 完成 Huffman 码字的分配
    for i = 1:n
        h(i,1:n) = c(1,n*(find(a(1,:)==i)-1)+1:find(a(1,:)==i)*n)
                                          % 用 h 表示最后的 Huffman 编码,矩阵 h 的第 i 行
                                          % 的元素对应于矩阵 c 的第一行的第 i 个元素
        ll(i) = length(find(abs(h(i,:))~=32))    % 计算每一个 Huffman 编码的长度
```

```
end
fprintf('\n The average length of the code: \n');
l = sum(p.*ll)                              %计算平均码长
fprintf('\n Huffman code: \n');
h
hh = sum(p.*(-log2(p)));                    %计算信源熵
fprintf('\n The Huffman effciency: \n');
t = hh/l                                    %计算编码效率
```

七、实验波形

实验波形如图 2-25-1、图 2-25-2 所示。

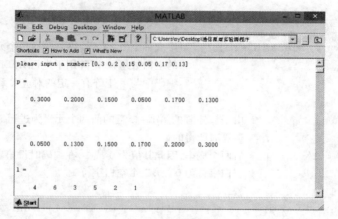

图 2-25-1　哈夫曼码字的分配

图 2-25-2　哈夫曼编码的仿真

参 考 文 献

[1] 于润伟，朱晓慧. MATLAB 基础及应用［M］. 北京：机械工业出版社，2012.4.
[2] 樊昌信，曹丽娜. 通信原理［M］. 6 版. 北京：国防工业出版社，2011.1.
[3] 张威. MATLAB 基础与编程入门［M］. 西安：西安电子科技大学出版社，2008.1.
[4] 唐向宏，岳恒立，郑雪峰. MATLAB 及在电子信息类课程中的应用［M］. 2 版. 北京：电子工业出版社，2009.6.
[5] 刘东华，向良军，等. 信道编码与 MATLAB 仿真［M］. 北京：电子工业出版社，2014.2.
[6] 徐明远，邵玉斌. MATLAB 仿真在通信与电子工程中的应用［M］. 西安：西安电子科技大学学出版社，2005.6.
[7] 黄亚新，米央. 信息编码技术及其应用大全［M］. 北京：电子工业出版社，1994.8.
[8] 张海涛，王福昌. 基于 MATLAB 的信道编码教学实验软件设计与实现［J］. 实验室研究与探索，2005，24（1）：46 - 48.
[9] 宋镜业. 信道编码识别技术研究［D］. 西安：西安电子科技大学，2009.
[10] 徐莉，罗新民，徐燕红. 卷积码 MATLAB 仿真及其性能研究［J］. 现代电子技术，2006，64（11）：64 - 66.
[11] 熊于菽. GMSK 调制解调技术研究［D］. 重庆：重庆大学，2007.
[12] 张平川. 现代通信原理与技术简明教程［M］. 北京：北京大学出版社，2006.
[13] 曹雪虹，张宗橙. 信息论与编码［M］. 北京：清华大学出版社，2009.2.